上海大学出版社

2005年上海大学博士学位论文 63

U0358880

横流冲击射流涡旋结构的实验和数值研究

- 作 者：张　燕
- 专 业：流体力学
- 导 师：王道增

A Dissertation Submitted to Shanghai University for the
Degree of Doctor in Engineering(2005)

Experimental and Numerical Investigations on the Vortical Structures of an Impinging Jet in Crossflow

Candidate: Zhang Yan
Major: Fluid Mechanics
Supervisor: Wang Daozeng

Shanghai University Press
· **Shanghai** ·

上 海 大 学

　　本论文经答辩委员会全体委员审查,确认符合上海大学博士学位论文质量要求.

答辩委员会名单:

主任:	徐宥恒	教授,复旦大学	200433
委员:	鲁传敩	教授,上海交通大学	200030
	单雪雄	教授,上海交通大学	200030
	戴世强	教授,上海大学	200072
	刘宇陆	教授,上海大学	200072
导师:	王道增	教授,上海大学	200072

评阅人名单：

徐宥恒　教授，复旦大学　　　　　　　　200433

刘　桦　教授，上海交通大学　　　　　　200030

鲁传敬　教授，上海交通大学　　　　　　200030

评议人名单：

刘士和　教授，武汉大学　　　　　　　　430072

许世雄　教授，复旦大学　　　　　　　　200433

翁培奋　教授，上海大学　　　　　　　　200072

夏　南　教授，上海大学　　　　　　　　200072

答辩委员会对论文的评语

横流冲击射流是一种非常复杂的流动现象,是目前射流研究的前沿课题之一,论文选题具有重要的理论意义和应用价值.论文作者广泛阅读了该领域国内外文献并系统总结了研究现状,采用先进的实验手段(LIF 流动显示和 PIV 流场测量)与三维非定常大涡模拟相结合的方法,研究了横流冲击射流近区流场和涡结构的非定常特性及发展过程.

论文取得了以下的创新性研究成果:

1. 水槽实验和数值研究相结合,首次详尽地分析了横流冲击射流近区流场的非定常特性,包括剪切层涡、射流尾迹涡、上游壁面涡和 Scarf 涡的时空演化特征.

2. 发现了一些有意义的新现象:上游壁面涡拟周期性的“膨胀-收缩”过程;Scarf 涡螺旋条带结构的横向扩展特征;射流尾迹涡的三维流动形态,并可以确定冲击射流的影响范围.

3. 通过并行计算进行了相应的大涡模拟,所得到的结果与实验结果相吻合,并进一步揭示了射流背流面涡脱落机理以及三维涡结构的非对称性.

该论文分析严谨,论据充分,方法先进,数据可靠,结论正确.论文工作表明作者掌握了扎实的基础理论和系统深入的专业知识,具有很强的独立开展科研工作的能力.答辩委员会一致认为该论文是一篇优秀的博士论文.在答辩过程中,叙述简明扼要,能正确清楚地回答答辩委员们提出的问题.

答辩委员会表决结果

经答辩委员会表决，5票全票通过该论文答辩，并建议授予博士学位.

答辩委员会主席：徐有恒

2005年6月26日

摘　　要

　　论文的研究对象为受横流影响的冲击射流.横流冲击射流近区存在射流剪切层、冲击效应、壁射流及其与横流的相互作用,流场中涡旋结构的形成、演化特征和涡间相互作用机制复杂,目前在国内外尚缺乏深入研究.对横流冲击射流中涡旋结构随时间、空间的发展过程及其与环境横流、底壁边界相互作用的研究不仅能促进其在环境工程、水电工程等实际工程问题中的应用,而且能揭示流场中各种涡结构的内在机制和演化特征,为实施流动控制和改善流场特性提供基础.

　　论文采用水槽实验与数值研究相结合对横流冲击射流近区流场特征和涡旋结构进行了详细研究.实验研究采用激光诱导荧光(LIF)流动显示技术和 PIV 流场测量,主要研究环境水深、流速比等流动参数对横流冲击射流近区非定常流动特性和涡旋结构特征的影响;数值研究采用三维非定常大涡模拟(LES),主要分析射流主体流动形态随时间、空间的发展演化以及射流在横流和底壁共同作用下形成的三维涡旋特征等,与实验结果互为验证和补充.

　　根据实验 LIF 流动显示和 PIV 流场测量结果,冲击射流与横流相互作用形成的剪切层涡、射流尾迹涡、上游壁面涡和 Scarf 涡随流动参数的变化,表现出不同的非定常流动特性,而且各种涡之间存在相互作用.射流主体迎流面和背流面初始形成的剪切层涡存在三种分布形式,即近似对称型、交替型和螺旋型.随射流的发展,受横流影响以及涡间相互作用,剪切涡均会发展为围绕射流主体的螺旋型模式.迎流面剪切涡的分布较为规则,在发展过程中卷吸环境流体,涡间存在较明显的间隙.背流面射流尾迹涡不仅有水平面内的旋转和拉伸变形,还存在垂直平面内的扭转,表现出明显的三维流动形态.相邻涡存在旋转方向相同以及旋转方向相反的多种排列形式,在射流主体后缘还有多条尾迹涡横向并列分布情形,其流动形态及形成机理均不同于以往研究较多的壁面边界层与射流作用下形成的横流尾迹涡结构.

射流到达底壁形成冲击后在射流主体上游出现大尺度壁面涡结构,其扩展范围和非定常运动特性依赖于冲击效应和横流影响.随流速比的减小或环境水深的增加,壁面涡运动呈现较强的非定常特性.上游壁面涡在形成和翻卷过程中呈现拟周期性的"膨胀—收缩"现象,并导致射流主体在接近底壁时表现为沿射流轴线一定范围内的前后摆动,其偏斜程度的变化与上游壁面涡状态有关.壁面涡处于非定常运动状态时,涡的垂向尺度、分离点的流向位置及与壁面接触范围等出现拟周期性变化,在旋转运动过程中对环境横流存在较强的卷吸作用,在其边缘形成小尺度的涡的脱落.冲击射流在底壁和环境横流作用下在壁面附近区域形成围绕射流主体以螺旋状向下游发展的Scarf 涡结构,其螺旋条带结构边缘存在成对的小涡结构.另外,实验结果还得到各流动参数条件下壁面涡的涡心、分离点位置、垂向尺度、上游穿透距离及 Scarf 涡的横向影响范围等定量特征参数,可确定横流冲击射流的影响区域.

在实验研究基础上对横流冲击射流流场结构进行大涡模

拟,为验证计算结果的可靠性,首先将大涡模拟结果与本文 PIV 流场测量结果进行定量比较,两者吻合较好.由大涡模拟结果,受横流剪切作用在射流主体背流面形成旋转方向相反的涡旋对,两涡旋呈非定常变化,其诱导的速度场及相互作用导致射流主体背流面出现拟周期性的射流尾迹涡脱落现象.在射流进入环境横流的初始发展过程中,受横流影响,迎流面剪切层出现交替排列的小尺度涡,剪切涡之间出现较明显间隙,背流面小尺度涡的发展相对滞后,排列形式不如迎流面规则.冲击效应增强时,射流前缘受压力梯度影响破碎为较小尺度均匀分布的涡,与环境流体的卷吸和混掺更为充分.射流冲击底壁形成的 Scarf 涡两侧螺旋状条带结构在形成和发展过程中存在非对称性,向下游运动扩展过程中卷吸环境流体.环境横流会附着在 Scarf 涡的条带结构表面而非与其完全掺混.

关键词　涡旋结构,冲击射流,横流,PIV 测量,大涡模拟

Abstract

Investigations on an impinging jet under the influence of crossflow are carried out in this dissertation. There exit jet shear layer, impingement on the bottom wall, interactions between the induced wall jet and the ambient crossflow in near field. There are few intensive studies of the impinging jet in crossflow at home and abroad due to the flow complexities such as the formation and evolution of the vortical structures, interactions between vortices, while researches on the temporal and spatial evolving of these vortical structures can promote the practical applications in environment engineering, hydroelectricity engineering etc. as well as reveal the inherent mechanism and development of the vortical structures and provide the basis for flow control and improvement.

Both experimental investigation and numerical simulation are conducted to obtain the detailed flow features and vortical structures in the near field of the impinging jet in crossflow. For the experiment, LIF (laser induced fluorescence) flow visualization and PIV (particle image velocimetry) measurement are adopted to study the effects of the flow parameters on the unsteady characteristics of the flow and vortical structures. For the numerical simulation, unsteady

1

three-dimensional LES (large eddy simulation) is used to obtain the temporal and spatial evolving of the jet and the 3D configuration of the vortices formed by the interactions among jet, bottom wall and ambient crossflow. Results from experiment and computation can be validation and complement to each other.

It can be inferred from flow visualization and PIV measurement that the shear layer vortices, jet wake vortices, upstream wall vortex and Scarf vortex vary with the flow parameters and there exist interactions in various vortical structures. There are three arrangement types of the original vortices in the upwind and lee sides of the jet, namely approximate axisymmetry, alternation and helicity while any arrangement type will grow into helical one during developing with the main jet and being affected by the crossflow and interaction between vortices. Vortices in the upwind shear layer will form a more regular arrangement than those in the lee side, and there exist obvious intervals between vortices. The jet wake vortices occurring in the lee side of the jet show an evident three dimensional movement including the spin and stretch in the horizontal plane as well as the torsion in the vertical plane. And the global feature of the jet wake vortices appear to be very complicated, there exit not only the alternating circulation but also the same rotation direction for vortices adjacent to each other, and there is situation when several jet wake vortices appear at the lee side of the jet simultaneously and parallel to each other, and these characteristics make the jet wake vortices distinct from those crossflow wake vortices observed in the interaction between wall boundary layer and transverse jet.

Due to the impingement of the jet on the wall, the wall vortex appears with its range and unsteadiness depending on the effects of the impingement and crossflow conditions. With the decrease of the velocity ratio or the increase of the water depth, the wall vortex becomes unstable, and the jet trajectory near the wall will moves back and forth during the expansion-contraction of the upstream wall vortex in its rotation. When the wall vortex is unstable, its vertical scale, separation position and contact area with the wall have a quasi-periodical change, and there exit a stronger ambient fluids entrainment, and there are tiny vortices shedding from the wall vortex edge. The jet turns to a helical structure after impinging on the wall and the Scarf vortex comes into being, and there are smaller vortex pairs at its edge. Furthermore, quantitative data of the center location, vertical scale, upstream penetration length, separation position of the wall vortex and the lateral extension scale of the Scarf vortex are obtained, which are essential to estimate the impact range of the impinging jet in crossflow.

On the basis of the experiment, LES (large eddy simulation) has been carried out to simulate the flow field of the impinging jet in crossflow. Comparisons of the numerical results with the PIV data are made to verify the numerical method and a good agreement is obtained. It can be inferred from the numerical results that there is a vortex pair in the downstream of the interface between the jet and the crossflow. The flow field induced from the unstable vortex pair and their interaction will result in the shedding of the jet wake vortices. Under the influence of the crossflow on the jet upon its entrance into the ambient current, a regularly alternative arrangement of smaller vortices appear in the upwind shear layer, and there are intervals in the shear layer vortices while the development of small vortices in the lee side of the shear layer is relatively late and not so regular as those in the upwind shear layer. The front jet boundary will break up into smaller homogeneous vortices which have a stronger mixing with ambient fluids. The Scarf vortex occurs owing to the impingement of the jet on the wall, and two helical "legs" of the Scarf vortex are asymmetric during the formation and evolving of this large scale structure. The Scarf vortex entrains the ambient fluids when developing downstream, while the ambient fluids cling to the surface of the Scarf vortex instead of fully mixing with the jet fluids.

Key words vortical structure, impinging jet, crossflow, PIV measurement, LES

目　　录

第一章 绪 论

§1.1 研究背景及意义

　　射流是指从各种排泄口射出或靠机械推动射入周围另一流体域内的一股运动流体,工业、农业和生活中的废弃流体,不论是排入水域还是排入大气,通常都是以射流的形式排放到环境流体中的,如从烟囱排入大气中的废气、火电站或核电站排入河流或湖泊中的冷却水、河流和海洋水域的污水排放以及军事上核潜艇排放冷却水形成可被检测的热尾迹等[1].射流流动作为流体运动的一种重要类型以及在实际工程问题中的广泛应用,使得射流研究成为环境流体力学以及环境工程、水利水电工程、航道疏浚工程、海洋工程、化学工程、燃烧工程等相关学科中的重要研究领域[2-7].

　　静止环境中的射流(自由射流)是一种典型的自由剪切流动,由于射流与环境流体速度不同,所形成的速度间断面会产生波动,进而失稳发展为涡旋,这类流动一般都属于湍流.周围环境流体由原先的静止状态发展为从射流获得动量并与射流流体发生明显的混掺,即射流卷吸(Entrainment).在射流发展过程中,射流边界剪切层中的旋涡会出现生成、配对(Pairing)和合并(Merging)等复杂现象,对射流的流动结构和扩展稀释都起着重要作用[8].

　　射流运动受到射流的排放方式以及周围流体和边界的影响,实际工程问题中许多情况是环境流体具有一定的流速分布,且射流出射方向与环境流体主流方向成一定的角度,如烟囱喷出的烟气流入有风的大气环境中,废水排入河流中等都是常见的例子.对于这类流动,环境横流(Crossflow)遇到射流的阻碍形成绕流,射流的边界上压

强前后分布不对称,射流将受到横流的推力而发生弯曲. 这种流动称
为横射流(Transverse jet 或 Jet in crossflow),其最显著的特点是射
流和横流相互作用,二者流动均发生偏转[1-3]. 环境横流受到射流的
阻碍作用有些类似圆柱绕流,不同的是在射流的边界区域由于卷吸
作用与射流流体之间存在较强的动量和质量的交换和输运,同时由
于在射流迎流面和背流面存在的压强梯度将迫使射流弯曲,在偏转
过程中环境横流与射流的相互作用将形成复杂的大尺度涡系结构.
由于横射流在生产、生活中的广泛存在,对这类流动的研究也有重要
的实际应用意义. 对此类问题的研究虽然已经有几十年的历史,但由
于流动结构的复杂性,到目前为止还不很完善,有关近区大尺度涡旋
结构的形成机理和演化过程以及射流横向浓度分布非对称性的起源
等方面仍有一些有待解决的问题[9,10].

在以往横射流的实验和数值研究中考虑较多的是环境水深较大
情形,即横流作用下的射流主体轨迹逐渐偏转至与横流方向一致,固
体壁面或自由表面对流动特性的影响可以忽略不计,因此可将其当
作半无限空间流动情况处理. 在这种流动中射流与环境横流的相互
作用会形成各种类型的涡旋结构,其中研究较多的是在射流偏转过
程中,主体横断面内逐渐形成和发展的一对旋转方向相反的涡,即反
旋转涡对(CVP,Counter-Rotating Vortex Pair). 反旋转涡对不仅会
引起射流断面形状的变化,而且对射流与环境横流之间的卷吸和混
合起主导作用,并能一直维持至下游较远距离. 目前对此大尺度结构
的起因还无一致结论,目前仍有学者采用各种手段进行研究分析.

当环境水体深度相对较浅时,即有限水深情况,射流的发展和演
化往往会受到各种界面的阻碍,近区的流动状态更加复杂. 对射流在
初始动量驱动下由有限深度水体底部向上射出情况,射流到达自由
表面时会引起水面隆起,如排海工程扩散器、置于河床的冷却水排放
装置等均为此种流动. 以往研究的主要内容包括射流中心线最大上
升高度或自由面隆起高度、射流到达最高点后向周边扩展过程中的
扩展层高度与厚度、稀释度、射流与环境水体作用下形成二次涡的状

态以及由此引出的流动稳定性等[11,12]. 如果界面为固壁边界,且动量驱动射流的穿透深度大于环境水深时则会形成冲击射流(Impinging jet).

冲击射流在许多工程技术领域得到广泛应用,如水利水电泄水工程中自鼻坎挑出的空中水舌冲击水垫塘、高水头拱坝的溢流水舌跌入水垫塘就是典型的冲击射流现象,另外如航道疏浚工程中的边抛排泥、射流冲沙、航空航天领域中飞行器、航天器在垂直起飞和着陆时产生的起落射流,煤炭工业中的水力采煤,节水灌溉中的微喷灌,自动控制中的射流元件,工程热物理方面的燃烧室及各种喷洒设备,均是典型的冲击射流问题[13]. 此外在要求有很大的传热、冷却和干燥速率的工业过程中也涉及到冲击射流的实际应用[14].

本文中研究对象为受横流作用的冲击射流,即横流冲击射流(Impinging jet in crossflow). 横流冲击射流不仅有着广泛的工程应用背景,同时也有重要的理论研究价值. 横流冲击射流在向壁面发展过程中射流边界存在剪切层,在此区域射流与环境流体之间有卷吸和混合,射流到达壁面形成对底壁的冲击,在冲击区内流线弯曲并折转过渡到平行于壁面的壁射流流动形态,在此过程中射流会与横流、固体壁面之间产生复杂的相互作用,流动特性与通常的横射流和轴对称冲击射流不同,涉及的影响参数较多,而且各影响因素综合作用所形成的三维流动形态也较为复杂,流动中包含了射流剪切层、横流绕流、射流冲击形成的壁射流及其与横流的相互作用等复杂流动特征. 国内外对此流动的研究成果较为缺乏,有限的实验结果多为单点测量,而以往数值研究表明,基于雷诺平均 N-S(RANS)方程的湍流模式理论对于冲击区内流动结构和湍流特性的预测存在明显缺陷[15,16],尤其对于横流冲击射流近区的涡旋结构特征在以往还缺乏清楚的认识.

射流、横流与固体壁面相互作用所导致的涡旋结构的生成、发展和演化过程,以及这些涡结构与周围环境流体和固体壁面之间的相互作用,不仅对近区范围内射流的流动特性有重要的影响,而且对射流的稀释混合、近壁区域的传热传质特征起主导作用. 研究横流冲击射流涡旋运动的非定常特性,了解各种涡旋的演化特征和相互作用的机理,可为实施流动控制和改善流动特性提供基础. 因此,横流冲击射流是一种具有重要理论研究价值和实际工程应用背景的复杂射流流动形态,对横流冲击射流近区涡旋结构的深入研究将有助于丰富经典的射流理论,深化对横流与冲击射流相互作用机理的认识,完善预测复杂流动的湍流模型,并且对所涉及的工程应用问题提供科学依据.

§1.2　目前研究进展

实际应用中的射流有各种类型,按射流出口形状分,以平面射流和轴对称射流较为常见,除此之外还有自正方形、矩形、椭圆形等喷口出射的三维射流;以射流数量还可分为单股射流、双股射流和多股射流;以射流所进入环境水体的边界影响可分为自由射流、半无限水体中射流以及冲击射流;以环境水体运动状态分可为静止水体中射流(自由射流)、伴流射流和横射流等.

对射流最初的研究是通过实验对湍射流进行观测和测量,主要研究射流出口形状、出射角度等对射流的平均流动特性的影响. 射流进入环境水体后的扩散将受平均流动和湍流特性的控制,射流的运动轨迹、流速分布和横向扩展范围是早期研究的重点,而射流中发现的大尺度湍流结构更是引起了人们对湍流剪切层以及各种涡旋结构的研究热潮. 由于射流含有丰富的湍流拟序结构以及在实际工程及生活中的应用,使得射流中的涡旋结构一直是环境流体力学及相关领域研究的热点问题之一. 本文对射流流动和涡旋结构研究进展的回顾中,按照射流所受环境流体和边界条件的影响因素分为如下部分:环境水体为静止时的自由射流;环境水体具有一定流速且与射流入射方向垂直,即横射流;环境水体为有限深度时,由于底部壁面限制作用而产生的冲击射流;冲击射流垂直射入具有一定流速分布的环境水体,即横流冲击射流.

1.2.1 静止流体中的自由射流

当射流流体与周围受纳环境流体的物理性质相同时,如果射流运动的驱动力为射流初始动量,将此种射流称为动量射流.对于此类射流问题的研究,在工程实际中主要在于确定射流轴线的轨迹、射流扩散的范围和沿程射流各断面的流速分布等特征量,对于变密度和携带有污染物质的射流,则还需确定密度分布或携带物质的浓度分布以及稀释和混合规律[1].另外,自湍流研究中拟序结构的发现开始,人们对湍流的认识已不再仅是完全无规则的随机运动,而转变为初始产生时刻和空间位置不定,但却以某种确定结构发展的特定流动形态.自由湍射流中由于剪切层不稳定产生的涡结构沿主流方向的发展、配对、合并和破碎过程等都具有一定的规律性,因此自由湍射流中丰富的拟序结构特征也成为湍流机理研究中的重点问题之一[8,17].

射流进入静止水体后,与周围流体之间的速度差将导致速度间断面,而间断面一般不可避免地会受到干扰,之后由于失稳而产生旋涡,涡运动过程中卷吸周围流体进入射流形成混掺,同时旋涡也将不断移动、变形、分裂,逐渐向射流内外两侧发展形成混合层.由于动量传递,卷吸入射流的流体获得动量而跟随射流运动,射流流体由于失去动量而降低运动速度.由于卷吸与混掺,射流横断面不断扩展,流速不断降低,其大致流动形态如图1-1所示,虚线表示统计平均意义

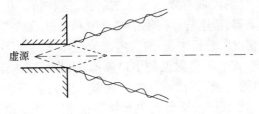

图1-1 静止环境中射流流动示意图

下的射流边界. 对自由湍射流,由于没有固体边界的限制,Prandtl 观点认为射流横断面宽度与混合长度成比例,即混合层及射流主体段边界都将按线性规律扩展. 从实验结果也可知射流主体段厚度基本上也是线性扩展的[1,3].

　　自由湍射流形成稳定的流动形态后,可将射流分为三个主要区域,即起始段、过渡段和主体段(也称充分发展段). 射流进入环境水体后,射流出口附近的中心部分尚未受到混掺的影响,保持出口流速,称为势流核心区,从射流出口至势流核心区末端为起始段. 射流充分发展后的部分称为主体段. 起始段与主体段之间的区域为过渡段. 图 1-2 为自由湍射流各分区流速分布示意图[1].

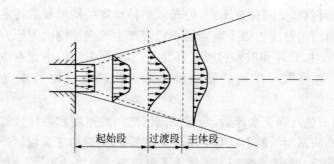

图 1-2　自由湍射流分区流速分布示意图

　　实际问题中,大多数射流都受到环境流体流动的影响. 相对于静止环境中的湍射流而言,流动环境中的湍射流是一种更为复杂的流动. 当射流周围的环境流体原有速度方向和射流出流方向相同时,这类射流称为复合射流或有伴随流动的射流. 这种情况在实际中如射流泵、各种引射器、泄水管在河流中的出流和飞机船舶在航行时的喷射等. 对这类情况的分析中,一般应考虑流速比 $R = u_j/u_c$ 对射流扩散形态的影响,其中 u_j 为射流的出口流速,u_c 为环境水流的速度. 对于有伴随流动的射流,其流动分区结构基本上是和静止环境中的射流相同. 早期对射流的分析研究中常忽略过渡段,主要研究起始段及主体段的速度分布特性等. 近期对射流近区的很多研究则着重于讨渡段,以分析自由湍射流中拟序结构的产生、演变机理及其对射流下游流动形态的影响.

在对自由湍射流的研究过程中,实际工程问题所关注的首先是射流轨迹线、断面速度分布、射流横向扩展范围等平均量,早期的研究主要是通过实验和理论分析来确定. Albertson(1950)等[18]对射流径向速度分布的测量可知,射流的径向速度分布在主体段达到自相似,而在起始段的混合剪切区内也基本符合自相似. Rouse 等(1952)[19]等测量了静止均匀环境中圆射流径向速度分布. Kotsovinos 和 List(1977)[20],Chen 和 Rodi(1980)[21]以及 Ramaprian 等(1985)[22]对射流中心线速度的沿程分布进行了测量,并给出了射流核心区无量纲长度、射流横向扩展及虚源位置的表达式等.

早期对射流的实验观测和理论分析研究得到了自由湍射流的一些基本特性,得到了一些较为公认的结论如断面流速分布的自相似性,射流边界的线性扩展性,动量守恒等. 在此基础上人们也对自由湍射流的湍流特性进行实验和数值研究. 如 George 等(1977)[23],Papanicolaou 和 List(1987,1988)[24,25]对射流中的湍流量进行了测量. Batchelor 和 Gill(1962)[26]研究了层流射流的稳定性,而 Grant(1974)[27]的数值模拟表明层流射流向湍流的转捩受射流出口流速分布影响. Rodi 和 Chen(1975)[28]对平面自由射流脉动结构进行了研究. Hossain 和 Rodi(1982)[29]则利用 $k\text{-}\epsilon$ 模型模拟了静止均匀环境中矩形射流的流动,并将此模型对湍浮力射流的应用做了回顾. 余常昭、李春华(1996)[30]对自由湍动圆射流进行实验研究,测量射流沿程各断面的横向速度和湍流强度分布,推求射流沿程流量的变化并得出函数表达式. 由实验结果可知,流量增大系数在大 Re 数流动中基本保持常数,在小 Re 数情况则随 Re 的增加而增加. 由射流边界处流速的间歇性及湍流强度分布初步分析了卷吸流量与卷吸涡特性的关系.

由于自由剪切层中大尺度拟序结构之间的相互作用对射流的流场结构和卷吸特性起支配作用,特别是在大涡结构的配对和合并过程中将环境水体卷入射流流体,即形成射流对周围流体的卷吸,射流流体与环境水体发生较强的掺混,产生复杂的湍流结构.因此自由湍射流的涡结构特性一直是射流研究中经久不衰的研究热点之一.

对湍流早期的研究认为,湍流是完全不规则的随机运动,但是对湍射流的流动显示中观测到了有规律的涡结构,并可以清晰观测到多个涡环的产生、脱落.Brown[31]早在1935年就通过流动显示观测到平面射流两侧会交替产生涡结构,并研究了加于受迫射流上的力对涡尺度的影响,在对圆射流的研究中观察到了沿射流发展的螺旋涡.而 Wehrmann 在1957年通过对湍射流流动中的观测得到了射流中的涡环及螺旋涡结构,并认为涡环的产生与射流初始速度成比例.1971年 Crow 和1974年 Brown 对流动所拍摄的照片更加证实了大尺度相干结构的存在.这些大尺度拟序结构的发现是湍流机理研究的重大突破,由此也更加促进了对自由湍射流等剪切流动中相干结构的研究[8,17].

涡运动在射流与环境流体间形成速度不连续界面,界面的翻卷、运动将环境水体卷入射流,并对环境流体产生诱导速度场.Davies 等(1962)[32]观察到射流出口附近不断产生旋涡系列,但却未对旋涡的规律性进行详细研究.Becker 和 Massaro(1968)[33]由流动显示观察到湍射流初始阶段的环形涡,认为射流出口边界层厚度是影响扰动增长的控制因素.Crow 和 Champange(1971)[34],Yule(1978)[35]的研究认为,射流出口附近的层流剪切层产生的涡结构向下游的发展导致了所谓的大尺度结构.而 Chan(1977)[36],Liu(1974)[37],Crighton 和 Gaster(1976)[38],Plaschko(1979)[39]应用这种稳定性理论对射流做了进一步分析.这些学者的研究中,虽然由流动显示中得到了射流通过涡卷吸环境水体的证明,却未提及螺旋形式的涡结构或失稳分析.Petersen(1978)[40]对射流的流动显示实验表明,射流中会产生沿射流轴线运动的螺旋涡,并与涡环叠加.Mungal 等(1989)[41]研究了高 Re 数射流中涡结构运动,主要对射流卷吸环境流体机理进行研究.当时的研究者认为,湍射流在射流出口附近卷吸环境水体完全是由大尺度的涡结构控制,并且有很多学者对此进行了更详细的研究,但由于测量手段等原因,并未得出初始卷吸产生时涡的特性.

由以往对自由湍射流研究的流动显示可以明显看出,射流近区涡的出现和配对是射流被周围流体稀释的主要因素. 旋涡不断卷吸周围流体,而涡之间的配对更加强了射流与环境流体的混合. 因此,射流流动受几种机理控制,即环形涡的产生、发展与配对,旋涡的失稳,流向螺旋涡的生成与增长. 这些大尺度结构的相互作用直至远区最后的消失,即为湍流涡运动的形成及演化机理.

近年来人们开始对自由湍射流中出口初始混合层的涡环结构与过渡区和远区的拟序结构的相互作用进行实验和数值研究,以揭示涡结构的内在机制和演化特征,进而实现对射流中拟序结构的控制.

Yoda 等(1992)[42]利用相关技术研究射流远场的大尺度涡结构演变,对自然射流和不同形式的受迫射流均进行实验研究,比较射流边界区域中所产生结构的演变. 由螺旋式和轴对称式失稳模式对射流边界的发展影响,认为螺旋模式对自然射流和强迫射流远区起主导作用.

范全林等(1999)[43]研究了初始扰动参数对圆湍射流拟序结构发展的影响. 通过流场显示对射流喷口附近区域混合层中的大涡拟序结构演变进行观测. 由流动显示,随 Strouhal 数 Sr 的增加,射流边缘发生畸变,出现尖角并发展成蘑菇头状,在混合层形成多个大涡. 拟序结构随初始扰动振幅的增大而增大,在 Sr 数为 0.5 时拟序结构发展最为显著,但扰动幅值增大到一定尺度后,涡的增长变化不再明显.

范全林等(2002)[44]对以往圆湍射流拟序结构的综述中指出,圆湍射流完全发展区存在涡环、单螺旋结构、双螺旋结构三种拟序结构形式,如图 1 - 3 所示,其中(单. 螺旋结构最为重要. 螺旋结构在随射流向下游运动的同时,还有径向的向外运动,是周围环境静止流体卷入射流发生动量传递和扩散的主要机制. 由此推断圆湍射流的初级拟序结构可能为涡环、单螺旋涡及双螺旋涡结构.

涡环　　　　　　　单螺旋涡　　　　　　双螺旋涡

图 1-3　湍射流中的拟序结构形式示意图(范全林,2002)

Agrawal 和 Prasad(2002)[45]采用 PIV 对自相似轴对称射流远区瞬时流场结构进行了研究,由高通滤波对所得数据进行处理,得到涡结构尺度等量的概率密度分布. 根据其函数分布均为明显的单峰值分布,推断大多数涡均聚集在较小的波数空间范围内.

刘中秋、林建忠等(2002)[46]用三维涡丝法模拟了轴对称不可压缩射流,即将连续分布的涡量场离散为若干空间涡丝,用涡丝运动来描述整个流场发展变化. 应用涡丝的增加与合并技术,描述轴对称射流在外加扰动下产生的拟序结构随时间的发展. 由基波扰动、次谐波扰动的模拟可见,基波仅导致涡的卷起,加入次谐波后,基波作用下卷起的涡发生配对,且模拟所得的涡的形成与配对结果与实验流动显示结果一致.

实际工程问题中还存在射流出口为非圆形情况,如矩形射流就是工程应用中比较常见的一种流动形态,射流出口存在尖角会使近区流动出现非对称性. 金晗辉等(2004)[47]对宽高比为 2 的矩形喷嘴附近流场进行大涡模拟,由流速分布可知,在射流下游区域,流向速度的垂线分布很快达到自相似,但在横向则出现类似马鞍形分布的过程,之后才达到自相似分布. 蒋平等(2004)[48]由大涡模拟得到宽高比为 2 的矩形射流中的拟序运动特征,结果表明大涡结构主要从矩形长边出现并发展,在短边则只有大涡横向拉伸而引起的小涡结构. 由对两种不同出口形状射流比较可见,矩形出口射流与圆形射流的流动主要区别在于,矩形出口导致速度分布出现马鞍形分布,而圆射流在射流下游的速度分布则为自相似.

另外还有学者对较复杂射流出口形状进行研究,如 Hu 等

2000)[49]利用粒子图像速度仪、激光诱导荧光技术对出口形状为叶型的射流进行实验研究. 由流动显示及速度场测量可知,叶型出口射流比圆射流的横向 Kelvin-Helmholtz 涡尺度更小,射流出口附近的层流区域更短,因此向湍流的转捩也越早. 近区剪切层的增长很快,叶型射流在掺混过程中,其中心线速度衰减也比圆射流迅速,因此叶型射流比圆射流的掺混作用更加强烈. 这主要是由于一方面叶型比圆形出口的周向扰动更大,叶型出口引起的流向涡更增加了周向扰动强度,另一方面叶型出口引起的流向对横向 Kelvin-Helmholtz 涡环的拉伸作用减弱了横向涡的尺度,由此导致小尺度湍流的产生并加强了射流与环境流体的掺混.

近年来对自由湍射流的研究还包括对射流近区、远区测量得到的速度、浓度分布等信息利用更先进的实验手段和分析方法进行研究. 如姜楠等(1999,2004)[50,51]采用 LDV 和热线风速仪对自由湍射流进行了测量,利用子波变换将湍流脉动信号分解为多尺度湍涡结构,研究其结构函数标度率和迁移特性. Jung 等(2004)[52],Gamard 等(2004)[53]通过以阵列排布的热线探头(共 138 个)测量得到轴对称射流空间速度分布及其随时间发展特性,应用 POD(Proper orthogonal decomposition)方法对测量数据进行处理,得到射流出口附近能量随 POD 模态衰减在近区和远区的演变. 在数值研究方面,近年来也开始采用直接数值模拟来研究射流近区和远区各种尺度涡结构之间的相互作用机制和混合层的空间演化[54].

1.2.2 横流环境中的射流

相对静止环境中的自由湍射流而言,横流环境中的湍射流则是一种更复杂的流动. 而在实际问题中,大多数射流都受到环境横流的影响,横流流因此也成为射流研究的重点问题之一.

环境横流遇到射流的阻碍形成绕流,射流由于前后边界存在压力差发生偏转,对环境水体为半无限水深情况,整个射流可以分为起始段Ⅰ、弯曲段Ⅱ和顺流贯穿段Ⅲ三部分,如图 1-4 所示.

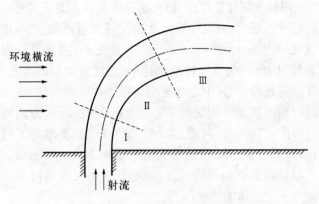

图 1-4 横射流分区示意图

起始段指出口区至核心区末端,在此阶段射流的弯曲不大;射流主体在横流作用下逐渐转变方向,由与横流正交变为与横流流动方向平行,此段即弯曲段,在此阶段射流断面逐渐变为肾形,射流内部的反向旋转涡对形成;随后射流流动方向基本与横流一致,称为顺流贯穿段,绕流作用消失.

早期的实验研究主要是利用量纲分析,通过实验来确定不同流速比 R 条件下横射流的轴线轨迹、平均速度、浓度分布以及湍流脉动量信息.

Pratte & Baines(1967)[55]采用拍照的方法通过风洞实验研究了横流中射流的边界线形状及中心线. 根据量纲分析,依据实验资料提出射流外侧边界、内侧边界以及中心线的表达式分别为:

$$\frac{Z_{\text{out}}}{D} = 2.63 R_{\text{v}}^{0.72} \left(\frac{x}{D}\right)^{0.28}$$

$$\frac{Z_{\text{in}}}{D} = 1.35 R_{\text{v}}^{0.72} \left(\frac{x}{D}\right)^{0.28}$$

$$\frac{Z}{D} = 2.05 R_{\text{v}}^{0.72} \left(\frac{x}{D}\right)^{0.28}$$

其中 $R_v = \dfrac{V_o}{V_a}$，V_o 为射流出口平均速度，V_a 为上游横流平均速度.

Kamotani & Greber(1972)[56] 在风洞中分别用热线风速仪和热电偶测量了横流中射流和浮力射流，给出了以断面最大速度和最大超温连线作为轨迹线的射流轨迹方程. 断面最大速度连线的轨迹方程为：

$$\frac{Z_v}{D} = 0.89 J^{0.47} \left(\frac{x}{D}\right)^{0.36}$$

断面最大超温连线的轨迹方程为：

$$\frac{Z_t}{D} = 0.73 J^{0.52} \left(\frac{\rho_o}{\rho_a}\right)^{0.11} \left(\frac{x}{D}\right)^{0.29}$$

其中 Z_v 为断面最大流速点的铅直高度，Z_t 为断面最大超温点的铅直高度，$J = \dfrac{\rho_o V_o^2}{\rho_a V_a^2}$ 为射流出口动量通量与横流动量通量比，ρ_o 为射流出口流体密度，ρ_a 为横流流体密度.

Crabb & Whitelaw(1981)[57] 给出了横射流的时均流速、浓度的等值线图. Andreopoulos & Rodi(1984)[58] 得到了时均流速、超温、湍动能等物理量的分布图. 在射流近区，湍动能呈现一种明显的双峰分布. Andreopoulos(1985)[59] 还对各种脉动量进行测量并给出其分布图.

也有研究者从理论上推求射流发展轨迹，进行理论分析的主要观点是：认为横流作用于射流前后的动压差阻力是引起射流弯曲的主要原因，并假定射流动量在正交于横流方向的分量守恒. 根据实验资料对射流在水平方向的扩展宽度 Δy 作假设，然后给出射流轨迹 $\dfrac{\mathrm{d}z}{\mathrm{d}x}$ 的表达式，最后积分得出射流轨迹关系式. 早期分析中为简单起见常假设绕流阻力系数 C_D 为常数，但实际上绕流阻力系数 C_D 沿射流应该为变量，从理论上难于确定[1].

Subramanaya & Porey(1984)[60]对以 90°射入均匀流中的圆形射流轨迹作了研究,以半解析方法得到起始段和弯曲段的射流轨迹. 由实验观测射流宽度并考虑到动量的影响程度,将射流轨迹划分为两个主要区域,其间有一个过渡段,给出了各区的射流轨迹函数关系,并通过实验对所得的函数关系进行了验证. Subramanaya 的研究中认为阻力系数 $C_D = f\left(\dfrac{z}{D}\right)$,由射流轴线一般方程,通过实验及前人结果求得射流各段轨迹. 起始段射流轨迹方程:

$$\frac{x}{D} = 0.457 \frac{C_{D0}}{R^2}\left(\frac{z}{D}\right)^{2.27}$$

改写后得:

$$\frac{z}{D} = 1.4\left(\frac{x}{D} \cdot \frac{R^2}{C_{D0}}\right)^{0.44}$$

其中射流弯曲段的阻力系数 C_D 与起始段的阻力系数 C_{D0} 有很大差别. 文中采用指数关系 $C_D = k_1 C_{D0}\left(\dfrac{z}{D}\right)^{m_1}$,并用实验数据确定各常数,从而得到射流弯曲段的轨迹方程:

$$\frac{z}{D} = 1.45\left(\frac{x}{D} \cdot \frac{R^2}{C_{D0}}\right)^{0.31}$$

另一种类型的方法是除射流的动量关系、绕流作用外,还考虑卷吸入射流的流量的作用. Chan 等(1976)[61]得出的卷吸流速为:

$$V_e = \alpha w_m + \beta(u_a - u_m)$$

式中 u_m、w_m 分别为射流轴线流速在 x、z 方向的分量,α、β 为卷吸系数.

$$在近区 \ u \approx 0, V_e = \alpha w_m + \beta u_a$$

$$在远区 \ u \approx u_a, V_e = \alpha w_m$$

对近区起始段,控制方程考虑卷吸质量守恒,x 方向动量方程中考虑绕流作用,z 方向按照动量守恒方程加流线方程;对弯曲段和远区则忽略绕流作用.

在对射流轨迹、断面流速分布、浓度分布等特征量研究的基础上,随着湍流研究手段以及研究水平的提高,很多学者开始着眼于横射流内部丰富的流动结构,并对射流与横流相互作用所产生的各种涡结构的起源、演化特征等进行实验和数值研究.

横射流的流动状态相当复杂,与其他湍流流动的情况类似,大尺度的拟序结构控制着横射流的流场特性,以往的许多实验结果已经揭示出横流与射流相互作用下所形成的主要涡系结构,如图 1-5 所示. 横射流中的主要大尺度涡结构可分为以下四类:

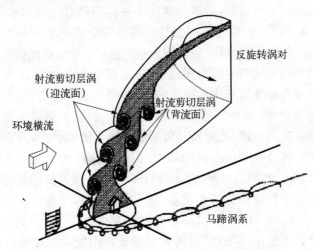

图 1-5 环境横流中射流流动的涡结构示意图[62]

● 剪切涡,即由于射流与环境横流之间速度在大小和方向存在差异所导致的剪切层中由于失稳产生的涡结构;

● 马蹄涡(Horseshoe vortices),为横流受到射流阻碍作用围绕射流形成的大尺度涡结构;

● 尾迹涡(Wake vortices),在环境横流绕流作用下,射流主体边

界由于剪切而发生变形后,在射流背流面下游形成的涡系结构;

- 反向旋转涡对(Counter-rotating vortex pair,CVP),当射流以大于环境横流的速度垂直进入环境水体后,射流与横流间速度不连续形成的剪切层内的涡旋卷吸环境流体,射流主体流速减小而断面面积增加,同时断面形状由于横流绕流作用由圆形变为弯曲的肾形,在肾形断面内存在的一对旋转方向相反的涡结构即为反旋转涡对.

以往许多的实验和数值研究对横射流的内部流动结构以及流动的物理机理进行了深入探讨和分析,认为这些涡结构主要源于横流边界层及射流近区剪切层中涡的相互作用.对于横射流中各种类型的涡系结构均有学者通过各种方法进行研究,但是由于问题的复杂性及研究条件等的限制,对横射流中一些问题仍有待进一步研究,而且,横射流中的丰富湍流结构也是检验各种湍流模型的典型流动之一,对这类射流特性的研究到目前为止仍然是一个活跃的研究课题.

由对横流中圆湍射流观测,射流进入环境横流后,射流横断面的面积会由于卷吸环境流体不断增加,断面形状也发生变化.在断面形状变化过程中,射流中逐渐形成一对反向旋转的涡,射流轨迹也逐渐转至与横流方向一致.此旋涡对将影响射流的流动状态,并会保持至下游相当距离.Brandshaw & Brerdenthal(1984)[63]认为此涡旋对是横射流远区的流动特征.Moussa 等(1977)[64]对横射流的研究认为此涡旋对起始于射流边界的剪切层,在射流进入横流即已生成.Sykes 等(1986)[65]、Andrepoulos(1985)[59]的研究中也均认为射流内部的旋涡产生于射流剪切层,但对旋涡如何形成反向旋涡对却没有明确结论.Andrepoulos 假设平均应变对涡环下游边界的压缩消除了横向涡,从而产生了反向旋转涡对.对此涡旋对的形成机理目前仍有学者采用各种实验及数值方法进行研究,并提出各种解释,如有学者认为是有横流绕流导致,有学者则认为是射流由进入横流其即已开始形成并在射流向下游发展过程中控制流动状态,对此问题至今仍未有一致观点.

马蹄涡是由于射流的穿透对横流的阻碍,产生于横流中的围绕射流的涡结构. Krothapalli 等(1990)[66]研究了环境横流中出口为方形射流流动中的马蹄涡. 位于射流上游的马蹄涡系随射流与横流速度比的变化而不同,且马蹄涡系的形成呈一定的周期性,其频率与射流尾迹中涡的周期近似. Kelso & Smits(1995)[67]对横流中圆射流流动的边界层与射流相互作用进行研究,用氢气泡法观测出现在射流出口上游的马蹄形涡. 当壁面边界层遇到射流前端的逆压梯度而发生分离,就会形成马蹄涡. 研究发现马蹄涡的震荡与射流尾迹的震荡间存在联系,认为马蹄涡结构的非定常性与尾迹中涡的上升运动相互影响.

Fric & Roshko(1994)[68]研究了横射流尾迹中的涡结构,由实验发现了连接射流体和壁面边界层的垂向尾迹涡结构,并发现当壁面边界层掠过射流边界时的分离现象是这种涡产生的原因. Kelso 等(1994,1996)[69,70]对横射流进行了实验研究,认为射流剪切层中的翻卷运动导致了反向旋转涡对的产生,边界层的分离是引起尾迹涡系的形成. 尾迹涡的非定常上升运动受射流横流速度比影响,在高 Re 数时尾迹会出现间歇性变化.

横射流剪切涡的研究中,Sergio 等(1989)[71]认为湍流卷吸是控制射流流动的主要因素,并根据此流动现象在二维模型基础上提出了三维涡片模型.

Sykes 等(1986)[65]曾提出涡环之间存在相互作用,涡环的边界在与其相邻涡环作用中被消除,存在涡环合并现象. Lim 等(2001)[72]通过实验研究了垂直射入横流中射流的大尺度结构的发展过程. 实验结果表明横流射流中未必存在环形涡,而以往认为涡卷由涡环合并而成的假定也与实验流动不符. 射流出口处形成的反向旋转涡对将抑制涡环的形成. 涡卷是由柱状涡层的变形直接产生,与以往研究结果一致. New (2004)[62]利用 DPIV 技术对横流中射流出口为椭圆形状的流场进行实验研究,并将其与圆形射流进行比较,分析了椭圆形状的长短轴变化对射流边界层内剪切涡的配对、合并等流态的影响.横流中椭圆射流总体涡结构与圆形射流类似,但近区涡旋的配对、涡量最大值分布在不同出口形状条件下有很大差别,如出现旋涡配对时的射流流体会强烈卷吸环境流体,且此流态下的涡量值要比不出现旋涡配对流态时的涡量值大很多.

在对横射流的数值研究方面,Sykes 等(1986)[65]对横流中圆形射流的流动进行了数值模拟,给出不同流速比时对称平面上沿流向的流速、示踪物质浓度的等值线图,还给出了垂直于射流出口断面的流速矢量图.并将对称平面上的流速、示踪物质浓度及湍动能分布曲线与实验资料做了比较.但所采用计算网格相当粗,并且对近壁区域的流动特征没有进行详细研究.随后不同的研究者采用各种基于求解 RANS 方程的湍流模型,包括简单的 k-ε 模型及其改进形式、雷诺应力输运模式(RSM)等研究了横射流近区的时均流动结构[73-75].

吴海玲等(2001)[76]对二维横向射流进行数值模拟,比较了标准 k-ε 模型、RNG k-ε 模型、Realizable k-ε 模型等不同湍流模型对射流流动与传热特性预报的准确性.由不同模式结果与实验研究结果比较可见,RNG k-ε 模型、Realizable k-ε 模型对流场及壁面对流换热特性的预测优于标准 k-ε 模型,而 Realizable k-ε 模型的数值结果与实验数据最为接近.

李炜、槐文信等对横射流进行了一系列实验研究和数值模拟[77-87],包括射流的运动轨迹,射流迎流面和背流面的涡结构等.在姜国强、李炜(2004)[87]对横射流涡结构的分析中,参照由横流作用下的圆射流流动中所形成的涡系,对从有限长度窄缝中进入横流的射流中涡结构进行了实验测量与分析,所得涡系结构如图 1-6 所示.由其研究结果可见,此横射流的涡结构与横流中圆形射流中的涡结构类型基本一致.

由于横射流流动结构的复杂性,利用大涡模拟(LES)对横射流近区流动和涡结构的研究成果相对较少.Olsson(1997)[88]采用大涡模拟研究射流流动,主要采用动态亚网格模式,将模式中的参数表达为时间和空间的函数,对同轴射流、圆形射流进行数值研究.Yuan 等

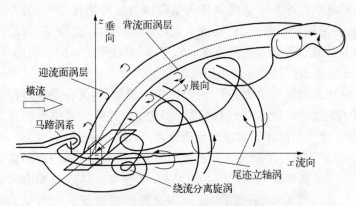

图 1-6 横射流中的涡旋结构示意图[87]

(1999)[89]对横流中圆形射流进行了大涡模拟,所得平均量及湍流统计量与实验测量数据比较吻合. 实验中观测到的大尺度拟序结构在数值模拟中也得到体现. 文章还对横射流中大尺度涡结构的形成机理进行了探讨,认为射流远区反向旋转旋涡对产生于准稳态的一对倾斜涡. 另外还分析了各种拟序涡结构、流动统计量等.

对横射流比较特殊的情况近年来也有一些研究成果,如 New 等(2004)[62]对椭圆形出口横射流的研究,还有学者研究射流出口初始存在旋转时的流动特性,如 Shtern & Hussain (2003)[90]研究了流体速度变化对旋转和非旋转射流边界层中轴对称及螺旋型失稳的作用. Bunyajitradalya & Sathapornnanon(2005)[91]研究了横流中旋转射流和非旋转射流中平均流动结构对扰动的敏感性,比较了射流横断面内涡结构在不同条件下的差异,得到射流迎流面和背流面对扰动的敏感区域.

1.2.3 冲击射流

当具有某一紊流强度的射流流体以一定的出口流速和温度(或浓度)分布从喷嘴喷出,并冲击到固体壁面上时,就形成了紊动冲击射流. 冲击射流在许多工程技术领域都有广泛应用,如水利水电工程

中的挑流水舌冲击水垫塘就是典型的冲击射流情况[92,93]，另外还有
水跃、强迫掺气设施、飞行器垂直起降、射流搅拌、燃烧室、自动控制
方面的射流元件以及各种喷淋设施等，同时在石油、食品、医药、化妆
品等工业中也广泛存在冲击射流的应用[1,13]．

　　在冲击射流流动情况下，由于边界的限制，射流在发展过程中受
到固体壁面的阻碍作用而对壁面产生冲击，并伴随有强烈的流线弯
曲，通常会产生回流和非定常流动分离．射流在冲击壁面时发生强烈
的偏转，产生比自由射流更强的紊动混合．在冲击壁面后所形成的壁
射流区中可以观察到间歇的相干结构．射流对固体表面冲击时的流
动状况及其与固体表面的相互作用是很多工程技术中需要了解的
问题．

　　对静止环境中的冲击射流，射流冲击固体平面后向下游两侧发
展，流线基本以对称形式转折，许多学者对圆形和平面湍流冲击射流
的流动特性进行了研究．由以往研究结果，可将流动分为三个具有不
同流动特征的区域，即自由射流区、冲击区、壁射流区．如图 1－7 所示
为轴对称或平面冲击射流分区示意图，其中Ⅰ区为自由射流区，此时
射流流动基本没有受到底部固体壁面的影响，其流动特征与自由射
流类似，射流外边界与环境流体之间的剪切等相互作用产生质量、动
量和能量交换，射流横向速度分布不断变化，射流横断面扩张；Ⅱ区为
冲击区，此时流动受到壁面限制，轴向速度急剧降低，底壁附近压强

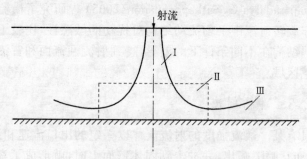

图 1－7　轴对称或平面冲击射流流动示意图

迅速增大,在滞止点压强达到最大,形成较大压强梯度,促使流线快速弯曲,流动转折至逐渐平行于壁面,即进入Ⅲ区,压强也逐渐回复至静压;Ⅲ区为壁射流区,当压强基本恢复为静压后,流动为总体沿壁面向外的运动,局部速度迅速增加,之后在距离壁面较远处下降,流动成为壁射流的性质.

确定各区流动性质后,可分别确定流动在各区内特征参数,有不少学者通过实验对冲击射流流场特性进行分析研究. 早期如 Beltaos & Rajaratnam(1973,1974)[94,95]得到的自由射流区的断面流速分布:

$$\frac{u}{u_m} = \exp\left[-0.693\left(\frac{y}{b_u}\right)^2\right]$$

其中 u_m 为断面最大速度,b_u 为 $u = \frac{u_m}{2}$ 处的径向距离. 冲击区的壁面压强分布:

$$\frac{p_w}{p_s} = \exp\left[-0.693\left(\frac{y}{b_p}\right)^2\right]$$

式中 p_s 为滞止点压强,b_p 为 $p_w = \frac{p_s}{2}$ 处的射流厚度,以及壁射流区的断面最大流速沿程变化关系式,射流的厚度扩展表达式等.

与一般剪切流动相比,冲击射流的主要特点为湍动能主要由法向应变产生而非剪切应变,且冲击区滞止点附近区域的法向脉动强度大于切向强度. 在滞止区后流动发生急剧变化,流线弯曲转至壁射流形态后,所形成流动也不是简单的剪切流动,如 Hyeerichs (1996)[96]研究表明冲击射流形成壁射流后,其最大湍流应力比一般壁射流高两倍多,最大剪切应力位于壁面区之外,因此受其上游流动特性的影响.

近年来对冲击射流流场结构的实验研究内容主要包括在不同区域内的速度分布、速度比尺的描述函数、压力分布、壁面切应力变化、底壁冲击压力及变化规律、湍流强度、能量分布以及速度相关、湍动能平衡等.

Cooper 等(1993)[97]采用热线风速仪测量了不同冲击高度、射流出口 Re 数条件下,冲击射流沿不同径向位置的平均速度、脉动速度和湍流剪切应力的垂向分布.

Knowles & Myszko (1998)[98]测量了冲击射流径向壁射流区的流速和雷诺应力分布,由实验结果发现无量纲流速分布自相似性的范围和无量纲雷诺应力分布的自相似性范围存在差异.

Guillard 等(1998)[99]采用平面激光诱导荧光(PLIF)技术测量了垂直冲击射流中心面上的平均浓度场、冲击后混合层厚度的沿程发展以及自由射流区和偏转区的概率密度函数、空间相关系数和径向脉动浓度分布,发现在偏转区域射流的外边界的紊动混合存在显著增强,并指出这是由于流体的减速导致沿径向的扩散加强.

Maurel 等(2001)[100]采用 LDV 和 PIV 研究了平面冲击射流的流场结构,给出了沿射流轴向的平均速度和雷诺应力的分布,并据此对特征区域的尺度和近壁区的涡结构进行了分析.

徐惊雷等(2000,2002)[101,102]使用热线风速仪测量了不同冲击高度下的冲击射流流场,主要研究冲击高度对冲击射流流场的影响. 由测量结果,半封闭冲击射流在不同冲击高度时的时均速度分布类似,小冲击高度时径向速度分布曲线峰值稍大. 对半封闭冲击射流和自由射流,小冲击高度时的径向速度分布曲线均比大冲击高度情况的下降速度快.

熊霏等(2004)[103]利用 PIV 测量技术对冲击射流的流场及涡结构进行实验. 由测量结果,PIV 可成功观测到射流中的涡结构,且冲击射流边界层中涡结构的螺旋模式与对称模式也可由 PIV 图像得到.

由于冲击射流流动和传热传质问题的复杂性,处理简单剪切流或自由剪切流的理论分析方法往往难以应用,而现有湍流模式中常用的基于线性涡粘系数(Boussinesq 假定)的标准 k-ε 模型对冲击射流近壁区域的预测结果与实验测量结果存在较大误差. 如将用标准 k-ε 模型对轴对称冲击射流的计算结果与 LDV 测量结果比较可见,标准 k-ε 模型对冲击射流滞止区附近及射流边界上的湍动能分布、壁射流扩展厚度等的预测结果与实验值差别较大,尤其射流中心线邻近滞止点区域湍动能分布的数值结果远远大于实验值[104]. 对此很多学者提出各种改进的数值模型,利用重整化群理论(RNG,Renormalization group)[105]对现有 k-ε 模型的修正便是其中的方法之一,由此可以对冲击区内流动和湍流特性的模拟精度得到较大的改善,同时模型的适用范围也更广.

陈庆光等(2002,2003)[106,107]利用 RNG k-ε 模型模拟轴对称冲击射流,由 RNG k-ε 模型与标准 k-ε 模型计算结果与实验结果的比较可见,两种模型对射流中心线的轴向及径向速度分布都与实验值吻合较好. 但在有高逆压梯度和法向应变的滞止区和近壁区附近,标准 k-ε 模型所得结果与实验值有很大差别,而 RNG k-ε 模型则在定性和定量上均明显优于标准 k-ε 模型. 对两种模型的比较与讨论认为,标准 k-ε 模型的系数主要由简单剪切流得到,适用范围有局限性,对冲击射流这种有回流的复杂流动的模拟扩大了扩散的作用. 而 RNG k-ε 模型的 ε 方程中对系数的修正以及所引入的非线性附加项对大应变率流动的预测非常重要,在对冲击射流的模拟,尤其对滞止区附近湍动能分布等的预测优于标准 k-ε 模型.

射流滞止区内,由于存在壁面的反射作用和流线的弯曲,法向应力起作用,流动具有大的法向应变,已经不再是切应力占主导地位的剪切流层. 陈庆光等(2002,2003)[108,109]还比较了 RNG k-ε 模型、修正 RNG k-ε 模型、双向展开技术得到的新 RNG k-ε 模型三种不同方法对冲击射流的预测能力. 对 RNG k-ε 模型中涡粘性系数 C_μ 进行修正,将常数改为能够反映横向脉动速度影响的表达式,并采用改进的壁面函数处理方法对冲击射流进行数值模拟. 对系数的修正考虑了流动各向异性的影响,而近壁处理方法有效降低了近壁区涡粘性. 将数值结果与实验结果比较可见,此数值方法与实验结果的一致性比

标准 $k\text{-}\varepsilon$ 模型显著提高. 但在滞止区和近壁区平均流速和湍动能还存在误差,其原因为所用模式无法准确反映冲击射流这种有强曲率影响且带有回流的复杂流动.

此外,为提高对冲击射流流场和传热传质特性的数值预测能力,许多研究者还采用了对标准的 $k\text{-}\varepsilon$ 模型的其他改进形式,如非线性 $k\text{-}\varepsilon$ 湍流模型[110],以及 $k\text{-}\omega$ 湍流模型[96,111]、低 Re 数 $q\zeta$ 湍流模型[112]、V2F(法向速度松弛)湍流模型[113]等来计算轴对称和平面冲击射流的流场和传热传质特性. 但这些基于线性涡粘系数假定的两方程湍流模型的预测结果仍与实验结果或多或少存在一定的偏差,为此还有一些研究者采用了更高级的二阶矩封闭模型等其他的湍流模型[114],但不同研究者的数值结果表明高阶矩湍流模型对冲击区和壁射流区的预测精度并没有比 RNG $k\text{-}\varepsilon$ 模型有明显的改进.

目前对冲击射流流场结构大涡模拟方面的研究成果非常少,Olsson & Fuchs(1998)[115]对大涡模拟中不同亚网格模型的影响进行了比较,不同模型对平均流动影响不大,差别主要表现在对湍流统计量的预测结果,但各模型模拟结果对湍流强度的预测结果差别小于 10%.

另外有学者研究一些特别情况,如 Chan 等(2003)[116]研究了射流对半圆形固体壁面的冲击,Cornaro 等(1999)[117]则由流动显示实验比较了射流对平板、凸型、凹型壁面形成冲击后射流的流动形态,尤其是不同壁面形状和剪切层所形成涡结构的影响.

1.2.4　横流冲击射流

当冲击射流周围环境流体具有一定的流速分布,即所谓横流冲击射流情形,此时近区的流动涉及射流、横流以及固体壁面的相互作用,流动形态更加复杂,相应对实验和数值研究的要求更高. 目前对冲击射流的研究大多为静止环境中的轴对称或平面冲击射流,如果射流出口速度远远大于环境横流速度,则在近区范围内往往不考虑冲击射流与横流相互作用的非定常流动特征. 如在以往 Barata 等对与垂直或短距离起降（V/STOL）飞行器地面效应有关的横流环境中冲击射流流场结构的一系列实验和数值研究中,考虑的流速比为 30、73,在他们的实验研究中只考虑了定常的流场特征,如冲击射流对称面上的平均速度、紊动能以及雷诺应力的分布[118,119]. 在已有的一些对横流冲击射流流场特性的数值研究中也隐含流场是定常的假定[120-123]. 对需要考虑横流作用同时射流对底壁仍有较明显冲击的流动情况,即流速比 $R<20$ 的情形,在以往的研究中无论实验或数值模拟方面的研究成果均相对较少.

在以往的实验研究中,横流冲击射流中壁面附近的流动信息可以通过不同的流动显示技术部分观察到. 如烟雾法流动显示可得到横流冲击射流上游壁面涡的穿透长度,而油膜法流动显示则可得到上游壁面涡分离点位置[119]. Bernard 等(2000)[124]对冲击射流进行实验研究,测量了壁面压力系数并由壁面压力系数 C_p 沿流向分布曲线定量得到冲击射流的各特征参数. 壁面压力系数的表达式 $C_p = \dfrac{P_s - P_{atm}}{0.5\rho V_m^2}$,其中 P_s 为测量得到的壁面压力值,P_{atm} 为大气压,ρ 为流体在 20℃ 时的密度,V_m 为由流量和测量断面特征长度计算所得的平均速度. 由 C_p 的分布曲线可确定冲击射流在壁面附近所形成涡的中心位置、冲击点的流向位置、上游壁面涡的流动分离点. 实验时将含有碳酸钙（$CaCO_3$）颗粒的油膜涂于冲击平面进行流动显示,并将由流动显示所得冲击射流各参数定性结果与由压力分布所得结果比较验证,两者所得冲击射流特征点结果一致,均可反映出冲击射流的实际流动特性.

张燕、王道增等(2001,2002)[125-128]对有限水深环境横流中高浓度射流的扩散和输运规律进行了实验研究,在不同水深条件下,射流对底壁产生不同程度的冲击,并分析了近区和远区的流动特征和分区结构. 对浅水流动且射流出口流体初始密度大于环境流体密度的情形,射流流体在到达底壁后将以异重流的流动形态向下游发展.

Barata 等(2004)[129]对横流冲击射流进行 LDA（Laser-Doppler

Anemometry)测量,得到垂向 21 个断面、水平 15 个断面的速度矢量. 由速度分布所得的对称面流线图可知,横流冲击射流中的壁面涡结构受射流与横流速度比 u_j/u_c 影响. 当 u_j/u_c 较大时,射流上游壁射流与横流作用形成的壁面涡会与射流主体完全分离,且壁面涡垂向尺度较小,射流冲击区基本对称;而 u_j/u_c 较小时,上游壁面涡与射流主体接触,射流冲击区流动为非对称.

樊靖郁等(2003,2004)[130-133]对横流环境中异重淹没冲击射流近区和远区的三维流场结构和浓度分布特性进行了实验和数值研究,由于所研究射流流体与横流流体密度不同,随环境水深和流速比的变化,近区范围内呈现出三种典型流态. 研究中还对上游壁面涡的尺度及过渡区内的横向和垂向浓度分布特征进行了分析. 但对射流近区范围内,特别是冲击区内的实验测量结果不够详细,数值计算方面也没有对冲击射流在横流作用下形成的涡结构的瞬时特性、精细流动结构等进行研究.

以往对横流冲击射流的有限研究结果中,主要是确定冲击射流偏转至与固体壁面平行方向形成上游壁射流后,在上游横流来流作用下形成的壁面涡等结构的平均尺度、时均流速和浓度分布特征,对不同环境横流条件下所形成的大尺度涡结构的瞬时特性则缺乏深入研究,尤其对横流与冲击射流相互作用较强时所产生的涡旋结构的非定常特性和演变过程,以及流动中各种非定常涡结构之间的相互作用机制等基本未见有详细研究.

§1.3　本文主要研究内容

非定常流与涡旋结构是流体力学中非常关注的研究领域,横流冲击射流作为一种独特的射流运动形式,流动中包含有丰富的涡旋结构. 这种复杂的射流流动形态既有工程应用背景,又有重要的理论研究价值. 当动量驱动射流的垂向穿透深度大于横流水深时,射流对壁面产生冲击,近区流动结构将出现射流剪切层、冲击效应、壁射流及其与横流的相互作用等复杂流动结构,所产生的涡旋结构不同于一般横射流情形,如 CVP 的形成受到抑制,壁面涡在横流作用下形成围绕射流主体的 Scarf 涡,并由流向涡的配对向下游方向发展. 目前已有冲击射流研究多数是对气相射流,对液体射流的研究则相对较少,对有横向流动作用下的冲击射流即使在国际上也进行较少[134],尤其对冲击射流和横流相互作用所导致的非定常涡结构的形成机理和演化过程的实验和数值研究成果更加缺乏. 由于流场中各种形式的涡旋运动,从严格意义上讲,都是非定常的[135],对横流冲击射流瞬时流场和涡旋结构的深入研究不仅能促进其在实际工程问题中的应用,而且能由其独特的流动现象揭示流场中各种涡结构的内在机制和演化特征,同时对完善复杂流动湍流模拟的数学模型提供基础.

本文采用水槽实验与数值研究相结合,主要研究环境横流水深、流速比等参数变化对横流冲击射流近区瞬时流场和涡旋结构的影响,环境横流与射流为相同密度的液相流体,不考虑射流与环境横流流体的密度差(即浮力效应)对近区流动和涡旋结构的影响. 在研究手段上,本文实验研究中采用激光诱导荧光(LIF)流动显示技术和 PIV 测量,而数值研究采用三维非定常大涡模拟(LES).

本文首先对横流冲击射流进行水槽实验,利用激光诱导荧光的流动显示技术和二维 PIV 流场测量得到横流冲击射流近区流场和涡旋结构的定性和定量信息,对流动瞬时特性进行分析,得到横流冲击射流的剪切层涡、壁面涡、Scarf 涡、尾迹涡等大尺度涡旋结构演化特征,并研究射流与环境横流速度比 R 和射流冲击高度(在本文中即环境横流相对水深)对流动中各种涡旋结构的影响. LIF 和 PIV 是目前先进的流动显示和全场流动测量手段,这两者的结合使用可深入了解环境横流作用下冲击射流中的非定常流动结构,以及流场中各种涡旋结构随时间、空间的演化过程,从而加深对近区流动机理的认识.

在实验研究得到流动和涡旋结构基本信息的基础上,本文对横流冲击射流进行数值研究,进一步得到冲击射流在环境横流影响下,射流主体内部详细流动和演化特征. 考虑到对湍流冲击射流数值模拟中,基于 RANS 方程湍流模型的预测能力存在缺陷,特别在冲击射流滞止区及近壁面附近区域预测效果相对较差,目前对有环境横流作用时的冲击射流的非定常流动和涡旋结构还缺乏较深入的数值研究,本文采用三维非定常大涡模拟,由计算结果得到横流冲击射流流动状态的瞬时特征以及随时间、空间的发展过程. 这在以往横流冲击射流的数值研究中几乎未见报道.

本文对横流冲击射流的实验和数值研究不仅可以加深对此复杂流动的理解,也可为描述此流动数学模型提供检验和改进依据,并对涉及横流冲击射流的实际工程应用问题提供流动控制的基础.

第二章主要介绍本文水槽实验研究的仪器设备与测量分析方法,包括实验水槽及射流装置,所采用的实验流体,LIF 流动显示和 PIV 流速测量方法,并对粒子图像速度仪(PIV)相关技术进行了说明. 最后介绍了本文实验研究中的实验工况及参数,各测量平面的布置.

第三章对 LIF 流动显示和 PIV 流场测量得到的实验结果进行了详细的分析,包括根据距离底壁不同高度水平面以及射流对称面内流动信息所得到的横流冲击射流的三维结构特征,射流对称面内观测到的不同实验参数条件下剪切层涡、壁面涡结构的流动结构和演化特征,水平面实验数据得到的射流背流面尾迹区域内的涡系结构等的非定常特性.

第四章介绍了本文对横流冲击射流近区流动结构进行数值研究所采用的数值计算方法,包括大涡模拟的控制方程、亚网格尺度模型、初始流场的计算方法、边界条件的设定,以及数值研究的计算区域等. 为验证所采用大涡模拟计算方法的可靠性,将大涡模拟计算结果与本文实验研究中所得到的 PIV 流速测量结果进行了定量比较.

第五章对本文数值模拟得到的不同流动参数下的横流冲击射流的计算结果进行详细分析,主要为横流作用下冲击射流的运动特性和三维结构特征,射流主体附近区域流动形态和涡旋结构随时间、空间的发展和演变过程.

第六章对本文实验和数值研究得到的主要结果进行了总结,在此基础上对可进一步深入的研究工作提出了建议和展望.

第二章 实验仪器设备与测量分析方法

§2.1 概述

垂直射入环境横流中的射流流动包含复杂的湍流结构,是环境流体力学中的重要问题,在很多工程实际问题中也有广泛应用.就一般的横射流而言,固壁边界对射流主体运动的影响较为微弱,由于偏转过程中射流与横流之间存在复杂的相互作用,流动中包含的主要涡系结构包括射流剪切层、马蹄涡、尾迹涡结构和反旋转涡对.对于横射流中这些大尺度涡旋结构的形成和发展有许多学者进行了较深入的实验和数值研究,但目前对反旋转涡对的形成机理、射流边界剪切涡的三维演化特征等仍有待深入认识.而对于动量主导的垂直向下排放入环境横流中的射流,若环境水深较小,在近区范围内射流会冲击到底壁形成冲击射流,此时固壁边界对射流主体的运动形态将产生重要影响.由于问题的复杂性,冲击射流与横流的相互作用机理以及流场中的涡旋结构演化特征迄今在国内外已发表的研究成果还很有限,而且多数实验结果均为热线风速仪(HWA, Hot wire anemometry)、LDV等单点测量结果.这些单点测量的方法由于测量点数的限制,较难捕捉到流场中大尺度涡旋结构的瞬时特征.

近二、三十年来,随着流动显示技术和流动测量手段的不断改进、计算机技术的发展以及现代光学的进步、各种数字图像技术的发展,实验流体力学的流场测量技术也得到突飞猛进的发展.粒子图像测速仪(PIV,即 Particle image velocimetry)是近年来迅速发展起来的一种非接触、瞬时、动态、全场的速度场测量技术,是流动显示技术的一种发展. PIV 能同时在数千个测量点上对矢量场进行测量,其精度可以和 LDA、热线风速仪相媲美,是目前应用非常广泛且很有潜力的流体力学全场测量技术. 目前 PIV 测量达到的水平已可在一个切面上测得 3 500～14 400 瞬时速度向量,其精度约为 0.5%～1.5%.

由于 PIV 不仅可以定量显示流场的瞬态图像,而且具有较高的空间分辨率,是研究横射流等瞬时流动特性以及识别和捕捉流场中非定常涡结构的理想测量手段,如姜国强、李炜等(2002)[136]应用 PIV 测量了横射流的沿程发展,由对称面和水平面的流速矢量图得到横射流的运动轨迹,对流动特性和涡结构进行了分析. Gordon & Soria (2002)[137]对横流中的零质量流(zero-net-mass-flux)射流的流场结构进行了 PIV 测量,陈向阳等(2003)[138]对附壁射流流场的测量,New 等(2004)[62]对横射流中涡结构的分析,以及 Peterson & Plesniak (2004)[139]对低流速比条件下横射流涡结构的演化特征进行的 PIV 测量.

当环境横流水深较小而射流与横流速度比相对较大时,底壁对射流的限制作用非常明显,出现横流冲击射流的流动形态,近区的流动特性相当复杂. 以往对冲击射流的实验研究大都没有考虑冲击射流与横流的相互作用. 虽然 LIF 流动显示技术较早就应用于各种射流流动结构和浓度分布的实验研究[25,140-143],但结合采用 LIF 流动显示技术和 PIV 全场流速测量方法的实验成果相对较少[144,145],尤其在横流冲击射流的实验研究中目前还未见报道. 而对冲击射流数值模拟方面也存在许多问题,比如现有基于求解 RANS 方程的湍流模型对冲击区附近一些特征量的预测与实际测量结果相差较大.

因此本文首先采用水槽实验,在不同横流水深、流速比条件下,采用 LIF 流动显示、PIV 测量得到横流冲击射流近区非定常流动特性和涡旋结构演化的定性和定量信息,并深入分析冲击射流与横流相互作用所产生的大尺度涡旋结构的形成机理和演化过程、三维空间尺度、主要影响因素等.

§2.2 实验水槽及射流装置

本文实验在上海大学应用数学和力学研究所工业与环境流体力学实验室的小型玻璃水槽中进行,水槽尺寸为 270 cm(长)×25 cm(宽)×50 cm(高),最大流速约为 0.2 m/s,水槽的水深、流速可由变频机和尾门开度精确控制. 流动显示实验时在射流流体中添加可由激光激发的荧光染色剂,PIV 测量时在环境横流流体及射流流体中均添加专用的 PIV 示踪粒子(空心玻璃微珠).

在已往射流实验可知,圆射流有从收缩管中释放及从长圆管中释放等形式. 对比射流出口的横向(径向)速度分布可知,射流出口的横向速度剖面因出口形状不同而有不同分布形式. 光滑收缩管射流出口处存在层流或湍流边界层,断面平均速度分布曲线为帽形(top-hat),而长圆形管道射流出口的速度剖面为充分发展的湍流管道流动速度分布. 这两种不同的射流出口初始条件将对射流近区流动特性产生影响[146]. 在本文实验研究中,将射流流体从直径为 D 的长圆管中释放,即射流在出口处即为充分发展的管流. 在实验过程中,调节上游环境来流条件使其在测试区成为充分发展的均匀、稳定横流,以得到实验所要求的不同的相对水深和流速比条件.

图 2-1 为实验装置示意图. 在实验段前端安置射流装置,即图中的搅拌箱. 释放射流的玻璃长管与射流水箱连接,射流水箱中装有搅拌器,以保证射流流体中添加的物质(为 PIV 测量添加的专用示踪粒子或为 LIF 流动显示添加的可由激光激发的荧光示踪剂)处于充分混合的均匀状态. 实验时射流出口流速由流量计节制阀控制,可保持射流出口流速基本恒定. 射流出口角度可调,在本文研究中保持射流入水速度方向与环境横流方向垂直. 将射流出口置于稍低于环境横流水面处,以避免射流入水时对自由表面的干扰,且射流管对主流区无明显影响.

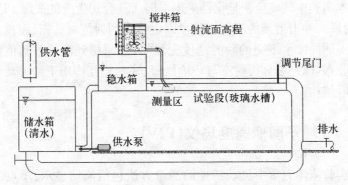

图 2 - 1   横流冲击射流实验装置示意图

§2.3   实验流体及测量方法

本文水槽实验中,射流流体与环境流体采用相同密度(近似为 $1\,000\ \text{kg/m}^3$)的水.

流动显示实验时,采用激光诱导荧光(LIF, Laser-Induced Flourscence)流动显示技术,荧光示踪剂采用由上海试剂三厂生产的罗丹明 B(Rhodamine B). 环境横流流体采用清水,仅在射流流体中加入示踪剂,这样可将射流流体与环境流体区分开,实验观测时用氩激光片光源照亮流场. 在氩激光激发时罗丹明 B 会发出深红色的辐射,调节激光器功率提高流动显示的可视性,以便更清晰观测和记录射流进入横流后的流动形态以及大尺度涡旋结构的演化过程.

对横流冲击射流进行流场测量时,在环境水体及射流流体中均加入 PIV 专用的示踪粒子. 示踪粒子采用粒径约为 $5\ \mu\text{m}$ 的空心玻璃微珠(密度接近于水,约为 $1\,050\ \text{kg/m}^3$),具有良好的跟随性和散射性. 添加示踪粒子时将少量示踪粒子置于容器内,搅拌均匀后倒入图 2-1 所示的储水箱中. 每次实验过程中射流水箱的流体均取自储水箱,这样可以保证射流流体与横流流体中的示踪粒子浓度一致. 为利于示踪粒子的循环使用,需关闭图 2-1 所示的排水管阀门.

本实验中的流速测量仪器采用美国 TSI 公司生产的 2 维 PIV 系统,对横流冲击射流的流场测量可以定量得到射流对称面、距离水槽底壁不同高度水平面的瞬时速度矢量场,进而得到涡量等其他特征量的分布,以定量分析射流与环境横流、底壁相互作用下的流动状态和瞬时结构.

§2.4　粒子图像速度场仪(PIV)

实验流体力学中流动特性的测量方法包括流动显示、单点测量和全场测量. 流动显示可以定性得到流动形态及流动的发展过程等流动图像,但是得到的定量结果较为有限;单点测量常见的如接触式的热线、热膜风速仪等探头测量仪器,非接触式的 LDA、PDA 等激光测速仪器,单点式测量方法的缺点是只能得到有限测量点的信息,且接触式测量技术会对流场产生干扰;而全流测量如 PIV 则可以得到测量平面或测量体的流动信息.

对流体实验而言,理想的流速测量仪器应该具有的特点包括:

● 高时间、空间分辨率,可以得到流场的小尺度结构、流场结构随时间的发展演变以及不同尺度间的相互作用;

● 对流场不产生干扰;

● 瞬时测量,可以得到流场随时间和空间的发展变化.

随着流动显示技术和流动测量手段的不断改进,计算机的发展,现代光学技术的进步以及数字图像技术的发展,实验流体力学的测量技术和测量手段越来越接近理想目标. 粒子图像速度场仪(Particle Image Velocimetry,简称 PIV)是近年来迅速发展起来的一种非接触式、瞬时、动态、全场速度测量技术,它是传统的流动显示技术的一种发展,实际上可以说是定量的流动显示技术[147].

PIV 主要被应用于测量流体速度,流体介质包括空气和水等. 为使流场可视化,流体由折射激光且跟随性较好的微小粒径的粒子示踪,通过测量示踪粒子的速度来确定流体速度. 由于 PIV 测量技术突破了传统单点测量的限制,同时具有较高的测量精度,目前 PIV 作为研究复杂流场的一种基本手段,已经广泛应用于各种流动测量中,如定常流动及非定常流动、低速流动及高速流动、边界层和射流等实验研究. 现在正向 3 维 PIV 技术、全息粒子图像测速技术(HPIV)及两相 PIV 技术等方向发展[148-150].

2.4.1 PIV 技术简介

PIV 源于固体应变位移测量的散斑技术,最初被称为激光散斑测速技术. 由单色光照射散布在流体中的离子形成散斑,用已知时间间隔的两次曝光记录散斑的位移,由判读记录散光位移底片确定位移的大小和方向,由此确定流场多点的速度. 近 10 年来,由于判读技术的进展,判读对象由流动的散斑图像发展为粒子图像,名称也演变为粒子图像测速技术[147].

根据流场中所分布示踪粒子的数量可将粒子图像测速技术可分为: 1) 粒子跟踪技术(Particle Tracking Velocimetry,即 PTV),由每个粒子的图像以及粒子配对得到单个粒子的速度值. 此技术适用于粒子图像浓度较低的情况. 2) 粒子图像测速技术(即通常所指的PIV),通过相关计算得到某诊断窗口中的平均速度,当每个诊断窗口中有 10 对以上粒子时测量精度最佳. 3)激光散斑测速技术,此时粒子浓度较高,所拍摄图像为一群粒子反射光的干扰图像,而非单个粒子的图像,然后对斑纹图像进行相关处理.

PIV 测速技术的基本原理为在所要测量流体内添加示踪粒子,以一定时间间隔用片光源照亮流场,并照相记录粒子图像. 由已知的时间间隔,采用相应数值方法根据图像分析得到粒子位移,即可得到示踪粒子在某点的速度矢量.

如图 2-2 所示,如果示踪粒子在某个已知的时间间隔 Δt 内,由位置(X_1, Y_1)运动至(X_2, Y_2),则由

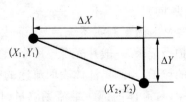

图 2-2 PIV 速度测量示意图

下式可得示踪粒子所在处的某流体质点二维速度分量 u, v 表达式：

$$\begin{cases} u = \dfrac{\mathrm{d}x}{\mathrm{d}t} \approx \dfrac{X_2 - X_1}{\Delta t} \\ v = \dfrac{\mathrm{d}y}{\mathrm{d}t} \approx \dfrac{Y_2 - Y_1}{\Delta t} \end{cases}, \quad \text{即} \quad \begin{cases} u = \dfrac{\Delta X}{\Delta t} \\ v = \dfrac{\Delta Y}{\Delta t} \end{cases}, \Delta t \to 0$$

严格讲 PIV 记录的是粒子的 Lagrange 速度，但当粒子对流体的跟随性非常好时，可认为此速度就代表流体的 Euler 速度. PIV 目前主要用于各种流场的全场速度矢量测量，测量时在流动介质中加入示踪粒子，跟随流动介质一起运动，PIV 通过测得示踪粒子的速度矢量来定量显示整个流场的流动特征.

PIV 的原理虽然简单，但其本质是一种粒子图像分析技术，从获得的粒子图像中提取速度信息的方法在 PIV 测量技术中起至关重要的作用[151]. PIV 对流速矢量场进行测量，其精度可以和 LDA、HWA 相媲美，同时可在整个测量区域同时得到各点的瞬时速度矢量，因而可以非常有效地应用于非定常流动发展和演化过程的测量.

一般的 PIV 系统主要由四部分组成：粒子添加系统、流场照明系统、图像采集系统和图像处理系统.

对粒子添加系统，示踪粒子应满足的条件为在流体中均匀分布、对流体的跟随性好、具有良好的光散射性、不改变被测量流体的特性，一般示踪粒子密度与流体接近，悬浮在流体中，粒子运动可以代表流体运动. 选用示踪粒子时的主要问题是要控制粒子的大小和密度，同时还要降低粒子成本.

对流场照明系统，要保证片光源光强可以使示踪粒子能被清晰拍摄记录. 一般片光源厚度小于 3 mm 以保证只记录一层片光内运动的粒子. 当测量流体表面流速的时候，有时可以采用自然光照进行实验；对流体内部二维流场测量时，则要采用辅助光源. 测量流体内部流场的 PIV，其照明采用激光光源，用适当的光学元件（柱面镜＋球面镜,柱面镜使光束在某方向发散,球面镜则用于控制片光的厚度)把激光光束转变为片光源,用这种片光脉动地照亮流场.两个脉冲之间的时间间隔可以调节,具体设置应基于被测量速度来选择.光学通路要求片光源和照相机之间相互垂直.

对图像采集系统,要准确控制快门开启时间,以保证两次快门时间间隔足够小,使两幅粒子图像基本维持仿射变换.早期的图像采集是用照相机将粒子图像记录在底片上,然后读入计算机进行分析处理.近年来,大多用 CCD 读取粒子图像,由两个激光闪烁拍摄得到的两个图像场是以数字图像传输和存储在计算机中,然后通过计算机图像处理系统对所测速度进行计算和显示分析.

对图像处理系统,80 年代 PIV 技术采用光学分析法,以杨氏干涉条纹得到粒子的平均位移,进而得到速度场.90 年代随计算机技术的发展,数字分析法逐渐取代了光学分析法.

2.4.2 PIV 图像的相关性分析

使用 PIV 测量图像的位移 Δx、Δy,位移必须小到可以使 $\Delta x/\Delta t$、$\Delta y/\Delta t$ 是速度 u,v 的很好近似,即轨迹必须是接近直线并且沿轨迹的速度应该接近恒定.这可以通过选择两幅图像采集的时间间隔 Δt 实现.

粒子图像测速技术的核心就是对两幅粒子图像进行计算分析,以提取测量流体的速度场.正确匹配粒子图像对是分析 PIV 图像时的主要问题之一.如果标示物比较大,可以使用粒子跟踪技术,利用数字滤波技术增强图像的边缘后确定中心;如果图像中包含大量小粒子,则要使用自相关或者互相关的统计技术.由于图像相关的计算量较大,一般需要采用 FFT 相关计算等高效算法以减小计算量和提高计算速度[151].

自相关是传统的 PIV 处理技术,将两次曝光的粒子图像成像在一张底片上,其缺点是速度方向不能自动判别,存在速度方向的二义性问题,且自相关方法的测量范围很小.一般来说,自相关用于多曝光图像,且粒子运动、图像偏移(Image shift)距离均小于诊断图形

(Interrogation spot)中图像位移的 1/4.

互相关则是将两次曝光的粒子图像成像在两张底片,然后进行相关计算.互相关的优点是可以自动判别速度方向,测量范围也比自相关的测量范围大.互相关分析可分为单帧互相关和两帧互相关.单帧互相关是一种多曝光技术,用于图像偏移相对粒子运动较大的情况.将第 2 幅图像窗口按照平均粒子图像位移偏离第 1 幅图像,以得到高分辨率的距离测量.单帧互相关的诊断图形比自相关小,而且粒子配对率更高.两帧互相关是对两帧曝光间的粒子位移.由于图像顺序已知,故信噪比高于单帧技术,而且无需图像偏移.两帧互相关中,2 个图像窗口是在不同的帧中,解决了方向不确定的问题,因此两帧互相关可以测量零位移和反向流情况.同时,图像窗口不存在单帧系统中图像覆盖的问题,使得两帧互相关的信噪比大为提高.在所有相关方法中,互相关分析具有明显优势.

2.4.3 本实验 PIV 介绍

本论文实验流场测量使用的是美国 TSI 公司生产的 2 维 PIV 系统,其各部分组成如图 2-3 所示.

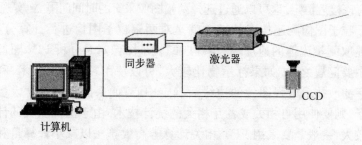

图 2-3 PIV 系统示意图

本文实验中采用的 PIV 系统主要包括以下部分:

● 系统控制部分,即同步器,用于精确控制并触发激光器、CCD 照相机、图像切换器等,以保证激光脉冲与 CCD 配合得到最佳图像对,并控制测量速度;

● 流动成像部分,激光电源、激光发生器在同步器控制下产生激光脉冲,各种光学透镜配合将激光束调整为合适的激光片光源,为流场提供照明;

● 图像采集部分,CCD用于获取图像并以数字形式传输至计算机,计算机中的帧抓取器将图像读入并以数字形式存储至内存;

● 图像分析部分,包括专用图像采集与分析软件、传输装置(将照相机以高帧率拍摄的流场图像序列快速传输至计算机,以最大发挥CCD功能)、阵列处理器、图形显示软件,用于采集与分析PIV图像,并计算各流场参数.

各部分的具体型号参数如表2-1所示.

表2-1 PIV系统各组成部分型号

CCD	630051 PowerView 2M
激光器	Mini YAG
同步器	610034
帧抓取器	60070 Camera Link

其中CCD照相机所采集图像的分辨率为$1\,600\times1\,192$,帧率18 Hz.激光器的闪光灯频率为15 Hz,其频率范围为0.1~20 Hz.

PIV测量流速的主要过程为:

(1)由同步器按所设定的时间间隔触发两束脉冲激光束,激光束经球面镜和柱面镜调整为片光源后,照亮待测断面中的粒子;

(2)CCD在两束激光脉冲照亮测量断面时分别拍摄记录下两帧图像,并将图像传输至计算机.为了精确控制激光触发时间与相机拍摄时间的同步性,激光发生器和CCD由同步器统一控制;

(3)对两帧图像进行相关处理计算,得到拍摄图像中的粒子位移,最后给出被测断面的流场矢量图.

PIV实验中以脉冲激光片光源来照亮流场.激光束经过柱面镜在某方向散开,不同参数的柱面镜所调节光束的宽度不同,但此时片光在各处厚度相同. 然后以球面镜调整片光厚度. 由于 PIV 实验时使用的球面镜焦距远远大于柱面镜,因此两者的选择基本不会相互影响. 实验时,根据所需测量面积的大小选择合适的柱面镜,根据激光器与测量断面的距离选择球面镜. 测量时调整片光源位置,使测量断面中心尽量位于光腰(即片光源厚度最小处)区域附近,以得到最佳的测量分析结果.

本实验 PIV 对所拍摄的粒子图像可进行三种相关分析,即自相关、单帧互相关和两帧互相关. 自相关中,所拍摄的第 1、2 幅图像窗口为同一图像窗口. 单帧互相关中,所拍摄图像在同一帧中,但是第 2 幅图像窗口与第 1 幅图像窗口不重合. 两帧互相关中,所拍摄的第 1 幅图像存储在第 1 帧中,第 2 幅图像存储在第 2 帧中. 由于两帧互相关在所有相关方法中的明显优势,因此在本实验中对 PIV 图像处理均采用两帧互相关分析.

两帧互相关受图像采集速度的限制,而一般组帧速度的照相机或高分辨率 CCD 难以满足两帧互相关的测量要求. 为提高组帧速度,本实验在 PIV 图像采集时采用跨帧技术,即使两束激光脉冲分别产生于 CCD 首次曝光末期和二次曝光初期,如图 2-4 所示,其中 T 为图像对采集周期. 这样每采样周期内两次脉冲激光的实际间隔大大减小,可以满足流动的高速测量要求. 将 CCD 中图像读入计算机所需

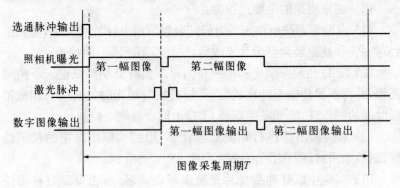

图 2-4 跨帧技术示意图

时间则决定了帧速(Frame rate),即流动测量的采样频率.

进行 PIV 流场测量实验时,根据测量对象适当设置各测量参数.硬件参数如 CCD 的拍摄位置、焦距,激光器的光路设置、光学透镜的选用、激光光源的强度,同步器各控制参数;图像采集参数包括两帧图像之间的时间间隔、各组图像对之间的时间间隔,即采样周期或频率;图像分析参数如待分析区域的选择,各种算法的选取与组合等.具体测量流程如图 2-5 所示。

对所采集粒子图像的分析处理是 PIV 实验测量后处理中最主要的工作,其基本原理是将图像对划分成各个小区域对,对于每个区域的图像进行修正,即按照一定阈值进行滤波.然后在取自两帧图像上的各小区域对内进行相关计算.最后选取相关性最大的点,得出相应位置处的速度矢量,所有小区域速度矢量的集合就是整个测量范围中的流场分布.图像处理的主要步骤为:

(1) 网格划分,即首先以网格将图像对划分为各个待处理的成对矩形小区域.对跨帧采集的图像,区域对中的区域 1 取自第一帧图像,区域 2 取自第二帧图像;

(2) 图像优化,并在图像处理前将各区域图像进行调整或修正,确定图像中示踪粒子位置,提高相关分析时的信噪比;

(3) 相关分析,计算区域对中的区域 1 和区域 2 的相关函数,得到相

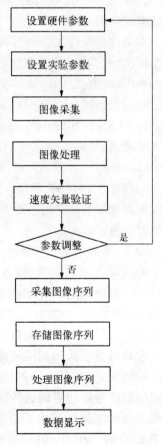

图 2-5　PIV 测量流程图

关映射.相关函数算法是将某粒子图像与所设置位移范围内的所有像素进行相关计算,相关映射值最大的像素即认为是粒子位移图像,其他值则认为是由不同粒子图像随机匹配所引起;

(4) 峰值计算,对由相关计算得到的相关映射进行分析,确定粒子图像位移峰值.

根据不同网格划分、图像调整即相关分析算法得到的相关映射图形的峰值大小、形状会有所不同,测量的精确度取决于各处理步骤中选取方法的组合.

本文在预备性实验时对各方法进行分析比较后,在横流冲击射流水槽实验的 PIV 测量中所采用的图像分析方法为:网格划分采用 NyquistGrid 方法,即区域对中区域 1 的横向间距为区域宽度的一半,垂向间距为区域高度的一半;图像修正采用 ZeroPadMask 方法,对图像进行 FFT 处理以去掉位移过大的伪信号,此方法的优点在于可以较大地提高图像信噪比,但是处理速度较慢;相关分析方法采用 HartCorrelation 算法,即仅对最有效像素进行直接相关方法,以提高图像处理速度;相关映射峰值选择采用 BilinearPeak 算法,对峰值最高像素点和与其距离最近的 4 点进行线性拟和,以亚像素精度确定相关映射峰值位置.

图 2-6 为本实验中水平面内 PIV 测量分析得到的结果之一,图中的流动方向为由左至右,为清晰起见对图像进行了反色处理.图2-6(1)和(2)为所采集的横流冲击射流水平测量面内的一对粒子图像,图 2-6(3)为由上述图像分析方法对(1)和(2)图像对进行分析处理所得到的速度矢量图.由图 2-6(3)可见,实验中所采集粒子图像和分析方法得到的流速矢量图中,测量区域内速度矢量的分布比较均匀,同时具有较高的空间分辨率,从图中可以较为清晰地观测到射流主体边界附近的绕流,射流主体下游尾迹涡脱落后的运动形态以及围绕射流向下游发展的 Scarf 涡结构等流动特征.当然由于流动的三维性,射流主体(见图中亮斑)内出现了粒子脱落现象.

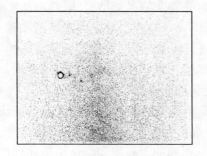

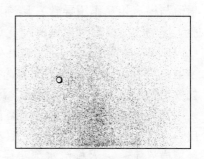

图 2-6(1) 第一幅粒子图像(反色)   图 2-6(2) 第二幅粒子图像(反色)

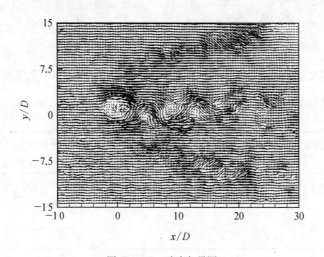

图 2-6(3) 速度矢量图

图 2-6 PIV 图像相关分析

§2.5 实验参数与工况

本文实验主要研究横流影响较为显著且射流穿透深度大于环境水深情况,一方面射流在壁面会产生较为明显的冲击现象,另一方面冲击射流与横流的相互作用较强,由此出现剪切层、壁面涡(上游壁射流与横流相互作用导致)、尾迹涡等复杂的涡旋结构. 因此本文实验工况的选择没有考虑低流速比(即 $R < 6$)和相对较大的横流水深($h/D > 20$)的情形,以区别于以往研究较多的横射流或近似轴对称冲击射流. 同时,本文实验工况的选择也考虑到实际的工程应用背景,如航道边抛疏浚排泥[152]、河道含污染物废水排放等[130,132].

实验过程中射流出口位于略低于环境横流自由面处,保持射流出口速度 $u_j = 1.2$ m/s 和射流出口直径 $D = 0.005$ m 不变,通过改变环境横流流速 u_c 及横流水深 h 得到不同冲击高度和流速比条件. 射流出口雷诺数 $Re_j = \dfrac{u_j D}{v} = 6 \times 10^3$,环境横流的雷诺数范围为 $Re_c = \dfrac{u_c h}{v} = 3 \times 10^3 \sim 1.5 \times 10^4$.

本文的实验组次及特征参数如表 2-2 所示,各实验参数均以无量纲量表示.

表 2-2 实验组次和参数

No.	实验参数 相对水深 (h/D)	流速比 (u_j/u_c)	No.	实验参数 相对水深 (h/D)	流速比 (u_j/u_c)
1	10	20	4	20	20
2	10	12	5	20	12
3	10	8	6	20	8

实验时将激光器安装于三维坐标架上,坐标架移动的控制精度为 1 mm,可精确调节激光片光源位置. PIV 系统中激光器与 CCD 的触发由连接至计算机的同步器控制,可精确控制图像采集时间间隔和序列帧数.

LIF 流动显示和 PIV 测量可以得到横流冲击射流对称面和距底壁不同高度水平面的流动图像、速度分布以及其他描述流场信息的特征量. 图 2-7(1)、(2)分别为横流水深 h/D 为 10 和 20 的水平测量断面示意图,虚线为各测量水平面位置. 对横流水深相对较小($h/D =$

10)时,各测量水平面与底部壁面无量纲距离 z/D 分别为 $1.0, 2.0,$ $3.0, 4.0, 5.0, 6.0, 7.0, 8.0,$ 共 8 个水平测量面;对横流水深相对较大 $(h/D=20)$ 时,则各测量水平面与底部壁面无量纲距离 z/D 分别为 $1.0, 2.0, 3.0, 4.0, 5.0, 6.0, 7.0, 8.0, 10.0, 12.0, 14.0, 16.0,$ 共 12 个 水平测量面.

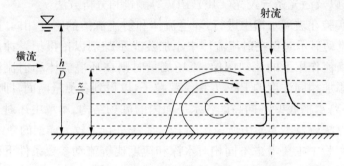

图 2 - 7(1)　$h/D=10$

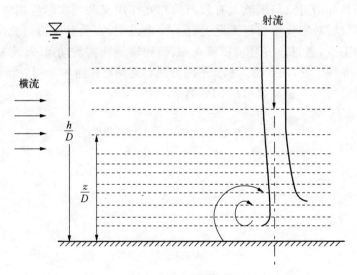

图 2 - 7(2)　$h/D=20$

图 2 - 7　水平测量断面示意图

§2.6　本章小结

　　本章对本文横流冲击射流实验所采用的实验装置和测量方法进行了介绍,包括实验水槽、射流释放装置、实验流体、速度测量等实验设备,以及激光诱导荧光(LIF)、PIV 等测量和分析方法.

　　实验在玻璃水槽中进行,环境流体和射流流体的密度相同.进行 LIF 流动显示时仅在射流流体中添加荧光示踪剂以拍摄记录冲击射流在横流作用下的流动图像,流场测量时则在环境流体和射流流体中均添加相同浓度的 PIV 专用示踪粒子,以得到各测量断面,即对称面、距离水槽底壁不同高度各水平面内的流场结构.本章中还对 PIV 测量方法以及本实验中所采用的 PIV 系统进行了较为详细的介绍.

　　实验中主要考虑不同相对水深和速度比等流动参数条件下横流冲击射流的流动形态和涡旋结构演化特征,因此实验工况的选择既考虑到冲击射流与横流具有较强的相互作用又兼顾实际应用背景.本章最后对实验参数与工况进行了简单说明,实验时保持射流出口流速不变,通过改变环境横流水深、流速得到所需流动条件.实验共包括 6 种工况,根据横流水深不同分别对流动对称面和 8～12 个水平断面进行 LIF 流动显示和 PIV 测量.

第三章　实验结果与分析

§3.1　概述

　　动量射流垂直射入环境横流时,在近区范围内会因射流初始动量和环境横流条件的不同而出现如下几种流态:

　　(1) 环境水深较大＋低流速比情形,射流在横流作用下发生偏转并逐渐转至平行于环境横流方向,此时在近区范围内可不考虑固壁边界对射流主体的影响,流速比是流动的主要控制参数.根据以往学者对横射流的大量研究,对流场中射流与横流相互作用所导致的大尺度涡系结构的形成机理和演化特征已经有了较为深入的了解,包括射流与横流边界区域形成的剪切层涡,横流受射流阻碍作用形成围绕射流的马蹄涡,射流主体横断面内形成的反旋转涡对,对射流由底部向上射流环境横流的情形,在射流背流面壁面附近还会产生具有三维流动结构的尾迹涡系.

　　(2) 环境水深较大＋高流速比情形,射流出口附近的流动特性近似可作为自由射流来处理,随着与射流出口距离的增加,射流初始动量的影响逐渐减小.如果射流受到正浮力作用,射流会到达界面,但界面附近流动已转变为浮力羽流(Plume)的性质,受界面阻碍将形成浮力主导下的水平扩展层.流场中的涡结构主要表现为剪切层涡.

　　(3) 环境水深较小情形,射流随流速比的不同发生不同程度的偏转,但未偏转至横流方向即已到达界面(自由表面或固壁边界),并对界面产生冲击.此时近区范围内流动主要受到射流与横流的相互作用以及界面的影响,流速比和冲击高度(或横流水深)是两个主要的控制参数. 流场中冲击射流和横流的相互作用将形成不同于横射流的涡系结构.

上述流态的划分并没有严格的界限, 不同流态之间也存在一些类似的特征, 如射流与横流间速度不连续所形成剪切层内产生的涡旋会卷吸环境流体, 射流出口附近区域的流动发展主要是由剪切层内涡旋结构之间的相互作用、合并以及卷吸效应造成的.

本文研究对象为垂直向下射入有限水深横流中的圆形射流, 即横流冲击射流. 近区范围内射流运动形态不仅受环境横流的作用, 还存在底部固壁边界的影响, 需综合考虑横流水深 (冲击高度) h/D 和流速比 R 这两个特征参数对近区范围内横流冲击射流的流动和涡旋结构的影响. 在本文研究中射流的穿透深度大于水深, 射流会对底壁产生冲击效应, 同时冲击射流与横流之间的相互作用相对较强. 当射流出口初始动量不变时, 这两个特征参数也代表了影响近区涡旋结构生成和演化过程的两种物理机制, 即 h/D 可刻画冲击效应的强弱, 而流速比 R 是射流与横流相互作用大小的控制参数.

对于横流冲击射流, 射流在进入环境横流初期其流动类似横射流, 剪切层涡在射流进入环境横流后即开始出现, 并随射流发展. 如果横流流速相对于射流出口流速较小 (即流速比 R 较大), 则射流仅略微向下游偏转之后已到达底壁, 并由于底壁的限制作用产生偏转, 流动转化为类似壁射流的流动形态. 以往对于这种横流冲击射流有过一些实验和数值研究, 在冲击区内, 横流的限制及其与壁射流的相互作用会在靠近壁面处产生大尺度的涡旋结构, 即壁面涡. 此壁面涡在横流作用下围绕射流主体形成沿流向的螺旋型流动. 流动中两侧螺旋的旋转方向相反, 此结构称为 Scarf 涡, 其流动形态如图 3-1 所示. 虽然 Scarf 涡在外形上与马蹄涡结构有些相似, 但 Scarf 涡结构是由射流流体所形成底层壁射流与环境横流之间的相互作用导致. 在横流冲击射流中, 横流受射流主体阻碍形成的马蹄涡结构依然存在, 但其空间尺度和强度远小于 Scarf 涡.

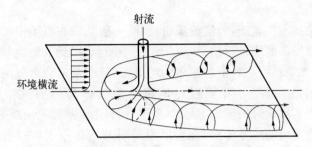

图3-1 横流冲击射流 Scarf 涡结构示意图[129]

横流冲击射流中存在的剪切涡、Scarf 涡、尾迹涡等涡旋结构对射流近区的流动特性有显著影响,且流动呈现出强烈的三维特性. 对横流冲击射流流动和涡旋结构的现有研究中,主要是针对流速比 R 较大的情形,即冲击效应较强而横流的影响相对较弱,如 Barata 等的实验(采用单点测量)和数值研究(基于求解 RANS 方程的湍流模型)均只考虑了时均的流场结构[129],对冲击射流和横流相互作用较强时所导致的非定常流动和涡旋结构特性目前的研究成果非常缺乏,更需深入了解.

本文首先由 LIF 流动显示和 PIV 流场测量对横流冲击射流进行了水槽实验研究. 实验中保持射流出口速度 $u_j = 1.2$ m/s 和射流出口直径 $D=0.005$ m 不变(即射流出口初始动量不变),通过改变环境横流速度 u_c 及水深 h 可综合考虑不同冲击高度(反映冲击效应)和流速比(反映射流与横流的相互作用)情况下,横流冲击射流近区流动形态、特征尺度以及涡旋结构的演化特征.

§3.2 横流冲击射流实验结果与分析

本文通过水槽实验对不同流动参数情况下的水平面和对称面进行了 LIF 流动显示观测,得到横流冲击射流瞬时流动和涡旋结构的定性及定量信息. 流动显示实验时的图像采集频率为 15 Hz,即每两幅图像之间的时间间隔 $\Delta t \approx 0.067$ s. 然后对相应各断面进行 PIV 流

场测量.

　　流动显示实验中,为使流场可视化,一般采用在流场中添加染料并配以适当的照明进行拍摄,以记录流动图像,得到其定性和定量特征.而荧光染料可改善染色流体的可见度,且非常适合大范围和非定常流场的流动显示,并能很好地将染色流体与周围流体区别开来[153].本实验研究的流动显示中采用罗丹明 B 做荧光示踪剂,以脉冲激光器发出的片光源对其激发.罗丹明 B 溶解于水中时呈玫瑰红色,当受到激光激发时则会发出深红色辐射.实验时仅在射流流体中添加罗丹明 B,以将射流流体与环境横流流体区分,因此可在流动显示图像中清晰观测到射流的流动扩散形态和涡旋结构特征.

　　在流动显示实验中可得到对横流冲击射流瞬时流动结构的基本认识,以及流场中涡旋结构发展和演化的定性及部分定量结果.在此基础上,确定流场中需进一步定量测量的位置,采用 PIV 流速测量得到横流冲击射流对称面、距离底壁不同高度水平面的速度场.由测量结果的后处理还可得到其他流动特征量,分析得到横流、底壁共同影响下射流的流动形态及各种大尺度涡结构的发展演化.本实验中 PIV 采用双脉冲激光光源,由于双脉冲激光曝光时间极短,由 CCD 照相机获得图像序列能真实反映出非定常流场中流动分离、涡旋形成、发展等瞬时结构特征.

　　在本文实验中首先观测了横流冲击射流近区的总体流动结构.冲击射流垂直射入环境横流后,由于射流与环境横流速度大小和方向不同,速度不连续首先会在射流出口区域导致射流剪切层的出现.在剪切层中出现涡结构并随射流不断发展演化.横流绕流作用导致背流面不断出现绕流剪切涡的产生和脱落,形成尾迹涡系.在射流到达壁面后形成底层壁射流,上游壁射流由于横流的限制会形成上游壁面涡,在横流作用下此涡结构在射流主体两侧以螺旋形式向下游发展,形成 Scarf 涡结构.图 3-2 为射流冲击效应明显时所产生的部分涡旋结构示意图,即剪切涡系,上游壁面涡以及 Scarf 涡结构,图中阴影部分表示射流位于对称面内的部分,虚线为平均意义的射流边界线. 由于射流主体后缘产生的尾迹涡系为强三维结构, 流动较为复杂, 为清晰起见在此图中未将尾迹涡系包括进来. 对尾迹涡系的示意图和详细分析将在图 3-11 中给出.

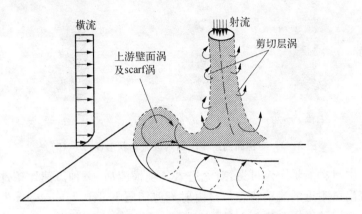

图 3-2　横流冲击射流近区涡旋结构示意图(剪切涡、
　　　　　上游壁面涡及 Scarf 涡)

本文以下部分将对这几种不同类型的涡旋结构分别进行分析研究, 但需要特别说明的是, 在横流冲击射流这种复杂流动中, 各种类型的涡结构并非完全独立, 不同涡结构之间存在着相互作用, 在以下各部分只是对不同涡结构特性的分析有所侧重.

本文中的 LIF 流动显示图像均经反色处理.

3.2.1　剪切涡

剪切涡在射流进入环境横流即已开始形成和发展. 在射流出口附近, 由于射流与环境横流的速度差会在射流边界产生速度不连续的间断面, 此间断面内的流动失稳导致流线弯曲、涡旋形成, 进而形成横向涡环卷起, 横向涡在运动发展过程中发生配对、合并, 在横向涡的配对过程中卷吸周围流体, 涡旋合并后射流开始扩展, 射流主体断面随之扩大.

本文实验中, 射流出口流动为充分发展的管流. 首先对射流出口

附近的剪切层涡进行分析,图 3-3 中所示为三种流速比条件下,流动
显示得到的对称面内射流出口附近剪切层中形成的涡结构,图中深
色为射流流体,运动方向由上至下.

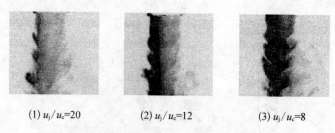

(1) u_j/u_c=20   (2) u_j/u_c=12   (3) u_j/u_c=8

图 3-3   对称面内射流出口附近流动状态(h/D=10)

由流动显示图像可见,射流进入环境横流后,三种流速比条件下
射流出口附近的流动状态与自由射流剪切层 Kelvin-Helmholtz 失稳
过程中涡的形成与发展过程有些类似,射流流体边界由出口处的流
体基本平行运动、流动边界平滑很快发展为随剪切层的卷起,进而流
动弯曲变形并逐渐形成明显的涡旋结构.随剪切层的发展,涡旋结构
会卷吸环境流体而增大.

环境横流对射流剪切层涡旋结构的影响依赖于横流水深和流速
比.在环境横流水深较小条件下(h/D=10),比较图 3-3 中三种不同
流速比情况下的射流出口附近流动形态可知,在射流出口附近区域
内,射流两侧剪切层中形成较规则的涡旋结构,但不同流动参数条件
下剪切涡结构存在不同的排列方式.

由图 3-3(1)可见,当流速比 R 较大时(R=20),射流迎流面和背
流面两侧剪切层内形成的涡旋关于射流轴线基本存在对称性,随流
速比的减小(R=12),由图 3-3(2)可见,两侧剪切层内涡旋形成的位
置由对称分布转变为交替排列.对流速比最小情况(R=8),即横流影响
较强时,仅在射流出口很短范围内可观测到具有对称性的剪切层变形,
随剪切层向下游的发展,剪切层中涡旋的分布很快变为螺旋形态.

根据上述对称面内流动显示结果,对于横流冲击射流,射流出口

附近区域存在不同类型的剪切涡结构. 当横流的影响较小时, 初始形成的射流两侧剪切涡呈近似轴对称分布, 当横流的影响加强时(相应流速比减小), 射流两侧剪切涡将从近似轴对称的涡环结构很快转变为不连续的涡环, 并以围绕射流主体的螺旋型涡环形态向下发展. 随着射流主体的进一步发展, 由流动显示图像可见, 射流上、下游两侧剪切层内的涡旋结构无论其初始阶段为对称型、交替型或螺旋型, 由于涡旋受横流影响以及涡间相互作用, 均都发展为螺旋形态.

在环境横流水深较大条件下 $(h/D=20)$, 射流与横流边界的剪切层得以较充分地发展, 对近区的流动结构起着重要作用. 图 3-4 为流速比 $u_j/u_c=8$, 相对水深 $h/D=20$ 时, 横流冲击射流近区对称面内的流动显示图像序列, 其中环境横流方向为由左至右, 射流由上方进入. 需要说明的是, 在所拍摄对称面流动图像中, 射流主体两侧流体颜色出现明显变化, 这并非完全因为射流浓度沿程衰减所导致. 由于实验过程中激光片光源是由水槽底壁向上垂直进入流体内部, 因此在靠近底壁处射流流体中荧光示踪剂受强度较高的激光片光源激发, 发出的辐射荧光较强, 因此所得图像颜色会相对较深. 随着与底壁距离的增加, 激光片光源强度发生衰减, 激光激发荧光图像的颜色会逐渐变浅. 在环境水深较小情况下, 此衰减现象不是很明显, 对水深较大时则在流动显示图像中可明显看到射流颜色由底部向上逐渐变浅. 在本文流动显示实验中射流流体的颜色与环境流体仍存在明显差异, 因此从流动显示图像均能清晰分辨出射流与横流之间的边界.

由图 3-4 可见, 由于环境横流的影响较强, 射流在穿透环境水深 $\frac{1}{3}h$ 左右后, 受横流作用向下游发生明显偏转, 射流主体虽然仍能到达水槽底壁, 但仅是轻微触及底壁, 对底壁产生的冲击效应较弱, 随后在横流作用下不断向下游发展. 从流动显示图像中并未清晰地观察到上游壁面涡区的出现, 射流主体轨迹基本保持不变. 此时射流上下游边界与横流之间速度不连续产生的剪切层随流动的发展不断卷吸环境流体, 演变为间歇性更大的大尺度涡旋结构. 由于涡间相互作用以及横流的影响较强,射流两侧的剪切涡变得不规则,迎流面的剪切涡结构随射流向下游的发展可清晰观测到涡间存在较明显的间隙(如图中箭头所示),即横流流体对射流主体的侵入. 射流背流面更可观察到明显的涡脱落、破碎现象,涡旋结构比迎流面更不规则.

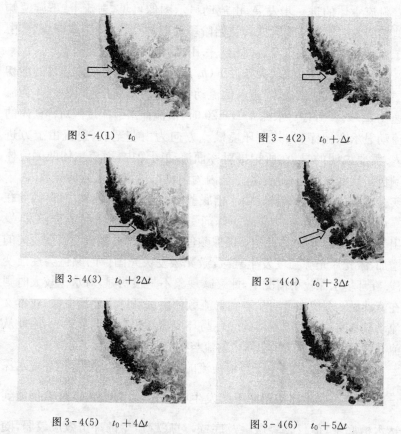

图 3-4(1)　t_0 　　　　　　　图 3-4(2)　$t_0 + \Delta t$

图 3-4(3)　$t_0 + 2\Delta t$ 　　　　　图 3-4(4)　$t_0 + 3\Delta t$

图 3-4(5)　$t_0 + 4\Delta t$ 　　　　　图 3-4(6)　$t_0 + 5\Delta t$

图 3-4　对称面流动显示图像($h/D = 20$, $u_j/u_c = 8$)

为研究较大水深条件下($h/D = 20$),冲击效应的增强(即流速比增大)对近区流动形态的影响,图 3-5 给出了流速比 $u_j/u_c = 12$ 时横流冲击射流近区对称面内的流动显示图像序列.

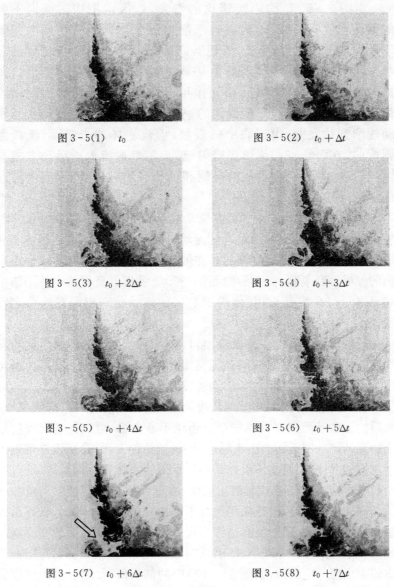

图 3 - 5(1)　t_0

图 3 - 5(2)　$t_0 + \Delta t$

图 3 - 5(3)　$t_0 + 2\Delta t$

图 3 - 5(4)　$t_0 + 3\Delta t$

图 3 - 5(5)　$t_0 + 4\Delta t$

图 3 - 5(6)　$t_0 + 5\Delta t$

图 3 - 5(7)　$t_0 + 6\Delta t$

图 3 - 5(8)　$t_0 + 7\Delta t$

图 3 - 5　对称面流动显示图像($h/D = 20$，$u_j/u_c = 12$)

由图 3-5 可见,随流速比的增大,近区范围内射流向下游的偏转程度有所减小,射流入水后射流主体两侧剪切涡的初始发展类似 $u_j/u_c=8$ 情形,剪切涡间的相互作用对环境流体的卷吸作用明显,射流主体两侧剪切涡的扩展范围随与射流出口距离的增加而增大,而涡间相互作用同样也使得剪切层出现横流流体的侵入.但随与底壁距离的减小,射流主体受初始动量的驱动逐渐到达底壁,由于底壁的限制,射流主体冲击壁面,流线急剧弯曲,在滞止点两侧形成壁射流.上游壁射流由于运动方向与横流方向相反,受到横流的限制和顶托会卷起、翻转形成上游壁面涡.

由图 3-5 拍摄记录的瞬时流动显示图像序列可知,在环境水深较大时,冲击效应的增强对近区流动形态和剪切涡结构的影响在接近底壁区域尤其明显.底壁的存在使得射流主体两侧的剪切涡沿垂向的发展受到限制,而上游壁面涡与环境横流以及射流主体上游剪切涡之间存在相互作用,使得近壁区的流动呈现出明显的非定常特性.

虽然本文实验时保持射流出口基本为恒定状态,但由于射流剪切涡的非定常性,底层壁射流与横流相互作用形成的上游壁面涡也出现不断"膨胀-收缩"的拟周期性变化过程.由图 3-5(1)～(8) 可见,上游壁面涡的流向和垂向尺度均有增加,即出现"膨胀"现象.膨胀后的上游壁面涡在横流作用下边缘不断失稳,可观察到有尺度较小的涡结构从壁面涡上边缘脱落、被横流拉伸变形、受横流挟带进入射流剪切涡、与射流主体混掺作用后从射流主体背流面脱落.此过程中射流剪切涡与上游壁面涡相接触,在壁面涡自身旋转运动及射流剪切涡的诱导速度下,壁面涡边缘不断出现尺度较小的涡,破碎后被射流剪切层卷入.随壁面涡边缘小尺度涡的不断脱落,上游壁面涡的流向和垂向尺度趋于减小,即出现"收缩"现象,射流剪切涡与壁面涡之间也出现一定间隙,如图 3-4(7) 中的箭头所示.之后上游壁面涡恢复至其初始尺度.

　　射流剪切涡与上游壁面涡的相互作用不仅使得上游壁面涡出现"膨胀-收缩"的变化特征,同时也对射流主体的运动产生一定的影响.

　　由于射流剪切涡与上游壁面涡之间的相互作用,射流主体在靠近底壁范围内的偏斜程度呈非定常状态,由流动显示图像可观察到射流主体在接近底壁时表现为不断沿射流轴线一定范围内的扭动,且偏斜程度的变化主要与上游壁面涡状态有关.当上游壁面涡为"膨胀"状态时,壁面附近区域内射流主体向下游的偏斜程度较小;而当上游壁面涡为"收缩"状态时,射流主体的偏斜程度则略有增大.

　　上述 LIF 流动显示实验得到了横流冲击射流近区范围内剪切涡的一些定性特征,为进一步得到不同流动参数时横流冲击射流剪切涡的定量结构,由 PIV 测量得到各实验工况条件下对称面的流场信息.

　　图 3-6 所示为 PIV 流场测量得到的 $\dfrac{h}{D} = 20, \dfrac{u_j}{u_c} = 12$ 情况下的冲击区对称面的瞬时涡量分布,图中虚线表示涡量值为负,实线表示涡量值为正.本文以后各章节中所有涡量图也均以实、虚线来区分正、负涡量值.由图可见射流剪切层中剪切涡的发展变化过程,在射流主体两侧均存在涡量集中的区域,上游剪切涡和下游剪切涡的涡量分布并不对称,且涡量集中区域间存在明显的间隙.在剪切层的发展过程中,存在着涡结构的拉伸、配对和合并.而上游壁面涡区域涡量强度相对于剪切涡要小得多,且呈现强度、分布范围和位置的变化.同时从图中还可看到,在靠近底壁范围内,射流上下游两侧涡量集中区域的分布位置出现前后摆动现象,这定量验证了对称面流动显示图像中所观察到的现象.由于射流主体的运动受剪切涡形成、翻卷、配对及其与上游壁面涡相互作用的影响,剪切涡的分布形式和位置将对射流主体产生流向和展向力的作用,导致射流主体产生拟周期性的摆动.

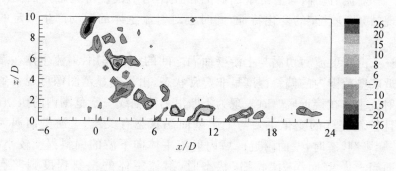

图 3-6(1) t_0

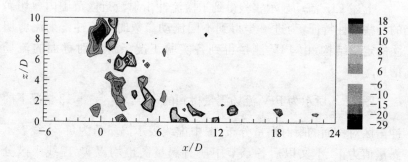

图 3-6(2) $t_0 + \Delta t$

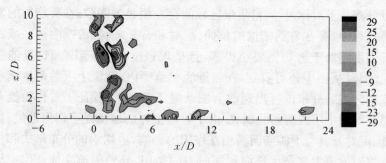

图 3-6(3) $t_0 + 2\Delta t$

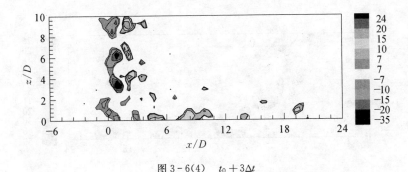

图 3-6(4) $t_0 + 3\Delta t$

图 3-6   射流冲击区对称面涡量分布$(u_j/u_c = 12, h/D = 20)$

图 3-7 给出了环境水深较大$(h/D = 20)$情况下,由 PIV 流场测量得到的不同流速比时射流近区对称面内涡量等值线分布. 由于环境水深较大,射流冲击效应相对较弱,射流迎流面和背流面剪切层中所形成的剪切涡在形成、卷起、随射流主体向下游发展过程中形成旋转方向交替排列的涡列.

图 3-8 为在环境横流水深较小$(h/D = 10)$情况下,不同流速比时的射流对称面涡量分布. 在本文实验的小水深情形,三种流速比条件下近区范围内射流对底壁均产生较明显的冲击,射流迎流面和背流面剪切层内的涡量强度和分布位置随横流作用的加强从近似对称分布发展到交替分布.

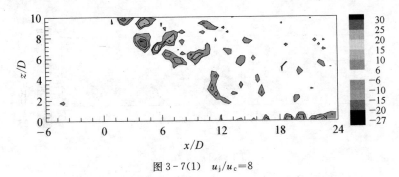

图 3-7(1) $u_j/u_c = 8$

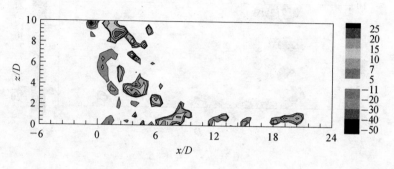

图 3 - 7(2) $u_j/u_c=12$

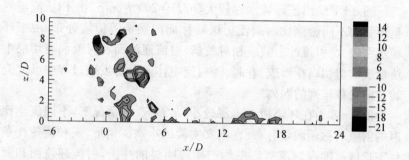

图 3 - 7(3) $u_j/u_c=20$

图 3 - 7 射流近区对称面涡量分布($h/D=20$)

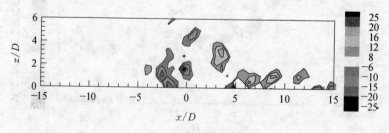

图 3 - 8(1) $u_j/u_c=8$

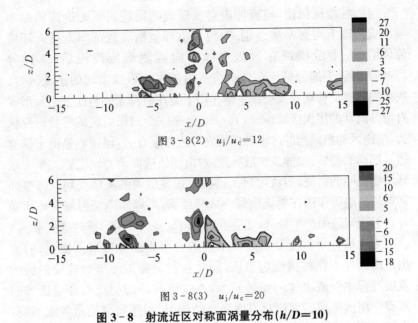

图 3-8(2)　$u_j/u_c=12$

图 3-8(3)　$u_j/u_c=20$

图 3-8　射流近区对称面涡量分布($h/D=10$)

同时由图 3-8 还可看到,在射流主体上游均出现涡量集中的区域,其强度、分布范围和位置与流速比密切相关,这反映了冲击效应与横流相互作用对上游壁面涡的影响(详细的分析将在后文给出).

3.2.2　射流尾迹涡

横流冲击射流流动中,横流与冲击射流的相互作用对近区范围内所产生的各种涡旋结构的形成和发展起重要作用. 由本文实验的流动显示图像可观察到,射流在初始动量作用下对环境横流流体的垂向穿透作用将对横流产生阻碍. 在横流绕流作用下,射流主体横向两侧不断形成涡结构,在环境横流作用下拉伸变形并由射流主体后缘脱落,形成射流背流面的尾迹涡系. 从对称面的流动显示图像也可观察到射流背流面的下游区域尾迹涡系的运动呈现强烈的非定常特性(如图 3-4 和图 3-5 所示).

与圆柱绕流相比,横流冲击射流形成的尾迹涡系无论流动形态或形成机理上均有本质差别. 对射流由环境横流底部向上进入环境流体情况,上游横流在射流主体横向两侧形成绕流后,李炜等(2004)[87]认为部分横流流体会进入射流主体后缘出现的逆流区,在底部固体壁面剪切层及射流主体作用下会在射流主体与底壁之间形成有抬升流动的尾涡区. Fric & Roshko(1994)[68]对横射流的实验研究认为,尾迹区的涡结构的产生与横流固壁边界层有关,尾迹涡是由于横流边界层涡的翻转、拉伸及扩散导致. 对由固体壁面垂直向上进入半无限环境横流中的射流,射流出口上游横流边界层内的流体受到固体壁面和射流的阻碍作用在射流前缘形成马蹄涡,马蹄涡围绕射流主体运动并在射流背流面产生分离,随后进入射流尾迹区下游形成尾迹涡系.

本文研究中射流是由环境水体的自由表面位置进入横流,射流出口附近并不存在横流边界层,同时在射流冲击底壁形成壁射流的发展过程中射流主体的偏转较小,本文研究冲击射流对环境横流的阻碍作用所形成的射流背流面涡系结构时,对所研究测量各水平面,水槽底壁的影响基本可以忽略(所观测各水平面与底壁边界的距离远大于环境横流底壁边界层的厚度,而且由流动显示所记录图像序列及实验时的观察可知,在 $z/D>10$ 的各水平面中基本没有冲击底壁后持续卷起上升的射流流体出现). 同时,流动显示实验时仅在射流流体中添加了荧光染色剂,对横流形成阻碍作用产生绕流流动后,流动显示图像中在射流背流面观测到的是射流流体所形成的尾迹涡结构,本文将其称为射流尾迹涡. 因此,本文所研究横流冲击射流流动中所形成的尾迹区流动结构的形成和发展显然不同于一般横射流中固壁边界层内形成的具有上升趋势的尾迹流动或由横流绕流形成的分离涡. 对横流冲击射流所形成射流尾迹涡结构的详细研究在目前还很少见到,无论实验和数值研究方面都有待深入.

图 3-9 和图 3-10 为环境水深较大时($h/D=20$),两种流速比条件下($u_j/u_c=12,20$),与底壁距离 $\dfrac{z}{D}=10$ 的水平面流动显示图像

序列,图中横流方向为由左至右. 由于仅在射流流体中添加了荧光示踪剂,因此射流背流面下游区域流动结构即本文所指的射流尾迹涡. 由图中可清晰地观察到射流主体与横流边界、背流面尾迹涡的出现、拉伸变形、向下游移动、脱落等演化过程.

图 3 - 9(1) t_0

图 3 - 9(2) $t_0 + \Delta t$

图 3 - 9(3) $t_0 + 2\Delta t$

图 3 - 9(4) $t_0 + 3\Delta t$

图 3-9(5)　$t_0 + 4\Delta t$

图 3-9(6)　$t_0 + 5\Delta t$

图 3-9　水平面流动显示图像($u_j/u_c = 12$, $h/D = 20$, $z/D = 10$)

图 3-10(1)　t_0

图 3-10(2)　$t_0 + \Delta t$

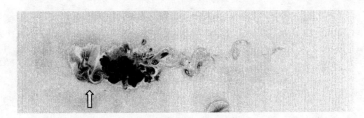

图 3 - 10(3)　$t_0 + 2\Delta t$

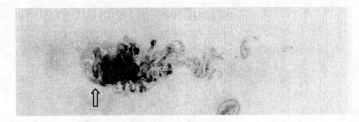

图 3 - 10(4)　$t_0 + 3\Delta t$

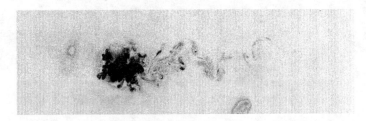

图 3 - 10(5)　$t_0 + 4\Delta t$

图 3 - 10(6)　$t_0 + 5\Delta t$

图 3 - 10(7)　$t_0 + 6\Delta t$

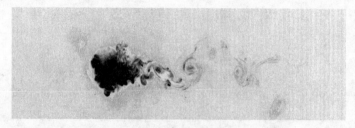

图 3 - 10(8)　$t_0 + 7\Delta t$

图 3 - 10(9)　$t_0 + 8\Delta t$

图 3 - 10(10)　$t_0 + 9\Delta t$

图 3 - 10(11) $t_0 + 10\Delta t$

图 3 - 10 水平面流动显示图像($u_j/u_c = 20$, $h/D = 20$, $z/D = 10$)

由流动显示图像可见,射流主体边界处形状非常复杂,存在许多拉伸变形的小尺度涡结构,流速比越小(即横流绕流的作用越强)此现象越明显,由此导致的射流后缘的尾迹涡系运动也较为复杂,呈现出显著的三维流动特征.此高度水平面与底壁距离位于 $h/2$,底壁边界对水平面内流动和涡结构的影响较弱,因此流场和涡结构主要由环境横流与射流的相互作用控制.

当流速比 R 较小时,横流绕流的作用相对较强,射流尾迹涡在靠近射流背流面较短范围内即出现配对,且尾迹涡的横向分布范围相对较宽,在向下游发展过程中很快脱落、衰减直至消失,从流动显示图像序列中可观察到射流尾迹涡的脱落具有拟周期的特点,由于图像采集频率的限制,较难精确捕捉到射流尾迹涡的脱落频率;而流速比增大时,尾迹涡则集中于射流主体后较狭窄横向范围内,旋涡的交替分布并可维持至下游较远距离,犹如一条"辫子"在射流主体下游不断摆动.

当流速比增大时,相应冲击效应增强,由于射流对底壁产生冲击,射流冲击底壁后形成的上游壁面涡结构在不断翻卷运动过程中,会有尺度较小的涡在上游横流顶托作用下由上游壁面涡上边缘脱落、抬升.在横流挟带作用下,这些在射流主体上游区域脱落、抬升的小尺度涡会被重新卷吸入射流主体,与射流流体掺混后再以尾涡的形式脱落,如图 3 - 10 中(1)至(4)中的箭头所示.

由流动显示实验中对横流冲击射流水平面内长时间观测表明,

射流尾迹涡系的运动具有一定的规律性.射流背流面尾迹区域内涡
结构的多样性排列并非只在某时刻偶然出现,而是在尾迹涡系的非
定常运动过程中,随尾迹涡的运动变化而不断产生.造成这种涡结构
分布的原因是射流主体与横流边界复杂分布的涡产生的诱导速度
场,以及尾迹涡系在横流作用下,向下游运动过程中出现较强的三维
特性.

对于本文中基本不受底壁边界影响的射流尾迹涡系,涡的分布
不仅有按照旋转方向交替排列的分布形式,还有旋转方向相同的涡
成对相邻出现的分布形式,在射流主体后缘附近区域内还经常出现
由射流主体拉伸脱落的各旋转方向的尾迹涡沿横向并列分布的情
形,如图 3-9 中的(2)、(3)、(4),以及图 3-10 中的(3)、(4).这些射
流尾迹涡形态与以往所得尾迹涡系中出现的类似卡门涡街等涡旋排
列形式有显著差异.

在射流后缘脱落的涡在向下游运动过程中,不仅有旋转、拉伸变形
等平面运动特征,还有在垂直面内翻转的扭转运动.图 3-11 为由流动
显示实验观测得到的射流后缘尾迹涡系结构示意图,圆形代表射流主
体所在位置,箭头所指虚线部分则表示射流尾迹涡系向下游运动过程
中不仅有拉伸变形,而且还出现扭转的三维流动形态的区域.

图 3-11　射流尾迹涡系结构示意图

随着环境水深的减小,射流冲击效应增强,壁面附近所形成的大
尺度涡结构逐渐对近壁区流动起主导作用.而流速比的减小意味着
横流作用的增强,此时射流尾迹涡对流动的影响减弱,由流动显示已

经难以观测到清晰的射流尾迹涡系,射流背流面的流动转变为由环绕射流主体的横流流体所形成的尾迹涡系.

图 3-12 所示为环境水深 $h/D=10$ 时,流速比 $u_j/u_c=8$ 条件下,

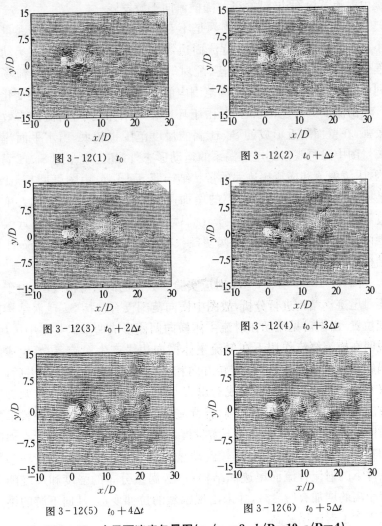

图 3-12(1)　t_0　　　　　　　　　　图 3-12(2)　$t_0+\Delta t$

图 3-12(3)　$t_0+2\Delta t$　　　　　　图 3-12(4)　$t_0+3\Delta t$

图 3-12(5)　$t_0+4\Delta t$　　　　　　图 3-12(6)　$t_0+5\Delta t$

图 3-12　水平面速度矢量图$(u_j/u_c=8, h/D=10, z/D=4)$

在 $z/D＝4$ 水平面内测量得到的 PIV 流场矢量图. 由于射流主体对环境横流的阻碍作用,在射流主体横向两侧形成较明显的横流绕流. 在横流绕流剪切作用下,射流后缘会交替产生旋转方向相反的涡旋,涡旋由射流背流面边缘脱落后,随横流向下游发展.

射流背流面形成的尾迹涡是不对称的非定常流动结构,涡量大小基本相似的尾涡由射流背流面边缘脱落后向下游发展,在运动过程中尾迹涡会出现分离、脱落、配对等特征,由 PIV 测量所得流场序列可知,尾迹涡系在一定横向范围内的流动也呈现明显的摆动变化.

由图 3‐12 还可以看到,由于环境相对水深较小,射流冲击效应较强,在壁面附近形成的 Scarf 涡的尺度范围也较大,由水平面流场矢量图中除可观察到尾迹涡系的运动形态外,还可观察到 Scarf 涡结构,围绕射流和横流尾迹涡的带状结构即 Scarf 涡. 由图可见 Scarf 涡结构的横向范围随下游距离的增加逐渐扩展,其横向尺度远大于尾迹涡的横向尺度,尾迹涡与 Scarf 涡之间有较大距离. 因此在近区范围内,尾迹涡虽然出现横向摆动现象,但与射流主体两侧的 Scarf 涡结构之间的相互影响较小.

图 3‐13 为与图 3‐11 对应实验参数下的涡量等值线图,由于主要对尾迹涡结构进行分析,故图中横向范围没有包括 Scarf 涡结构出现位置. 由图可见流动在射流主体横向两侧形成两个涡量集中区域,说明在横流绕流作用下在射流主体横向边缘产生涡旋,初始生成的涡旋在强度上基本相当,旋转方向相反. 涡旋由射流后缘脱出后,不仅有旋转方向相反的涡旋成对出现并交替排列,而且还存在两旋转方向相同的涡旋相邻分布. 射流背流面的尾迹涡系分布于一狭窄的横向范围内,脱落的涡旋向下游发展过程中,其涡量分布位置在涡间相互作用下会不断变化,比较流动显示及 PIV 测得的不同流动参数条件下的射流背流面尾迹涡结构可见,涡量分布的强度和尺度随下游距离的增加有所衰减,并未出现剧烈的拉伸变形,其向下游的维持距离大于射流尾迹涡.

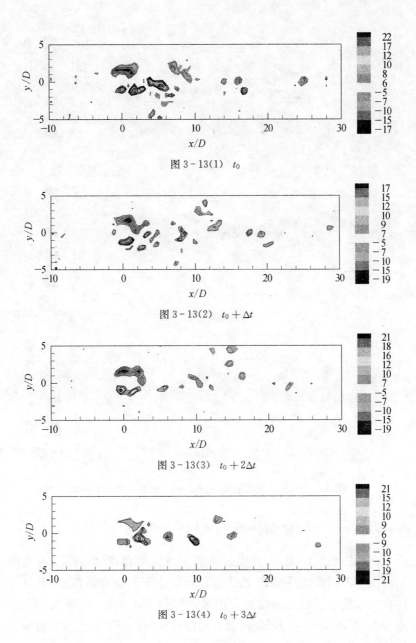

图 3 - 13(1)　t_0

图 3 - 13(2)　$t_0 + \Delta t$

图 3 - 13(3)　$t_0 + 2\Delta t$

图 3 - 13(4)　$t_0 + 3\Delta t$

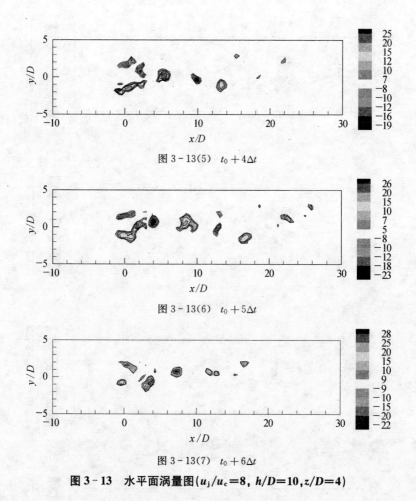

图 3-13(5)　$t_0 + 4\Delta t$

图 3-13(6)　$t_0 + 5\Delta t$

图 3-13(7)　$t_0 + 6\Delta t$

图 3-13　水平面涡量图($u_j/u_c = 8$, $h/D = 10$, $z/D = 4$)

3.2.3　上游壁面涡及 Scarf 涡

在环境横流作用下,冲击射流由于迎流面和背流面的压力差作用而发生不同程度的偏转. 由于环境水深小于射流穿透深度,射流主体在尚未偏转至横流速度方向前就已经到达水槽底壁,形成冲击射流形态,受固壁边界的限制流动方向偏转至与底壁平行形成壁射流.

对于横流冲击射流,由流动显示结果可知,其流动和涡旋结构特征较为复杂,首先是由于射流剪切层产生的环状涡旋形成初始涡场.随着射流向底壁方向的发展,初始涡旋环绕射流主体以螺旋方式演化成较大尺度的剪切涡.射流冲击底壁后,底层壁射流与环境横流的相互作用会在壁面附近形成大尺度的壁面涡结构,其中上游壁射流与横流、固壁边界的相互作用形成上游壁面涡.壁面涡以螺旋形式在射流主体两侧向下游发展,形成 Scarf 涡结构.

确定壁面附近的流动和涡旋结构特性具有重要的实际应用意义,射流冲击效应在许多工业过程中如表面冲击传热、冷却、除尘以及河床冲刷等都有应用,壁面涡结构的尺度对环境工程中含污染物横流冲击射流近区初始混合、扩散范围直接相关.本文实验研究中,对不同实验参数条件下壁面附近流动和涡旋结构进行了比较分析,由对称面内的流动显示和流场测量结果可以得到上游壁面涡的运动形态和特征参数,由水平面内的实验结果则可得到 Scarf 涡的流动特征和扩展范围等信息.

3.2.3.1 上游壁面涡

上游壁面涡是由射流冲击底壁后,底层壁射流与环境横流相互作用下在射流主体上游壁面附近形成的大尺度涡结构.在不同流动参数条件下,此大尺度涡结构表现出不同的特征尺度和演化过程.本文主要考虑横流水深、流速比对上游壁面涡流动特性的影响.

首先对横流水深、流速均为最小的情形,即本文第二章实验参数列表 2-2 中 No.1 条件下的横流冲击射流进行分析,这对应于本文实验工况中射流对底壁的冲击效应最强烈的情况,图 3-14 为对称面内流动形态发展过程的流动显示图像序列.

由流动显示结果可见,由于横流速度较小,射流进入环境横流后的偏斜非常轻微,到达底壁后在射流上下游两侧形成壁射流的流动形态.由于横流来流的阻碍和顶托,上游壁射流在壁面附近形成上游壁面涡.在流动显示图像中可观测到,射流滞止点上游始终存在一较为独立的壁面涡结构,与射流主体间存在一明显间隙(如图中箭头所

示),此壁面涡的尺度较大,流向尺度约为 10D,垂向尺度约为 6D,在
翻卷过程中对射流主体运动无明显影响,如图 3-14(1)所示.

在横流作用下,上游壁面涡的边缘会发生明显的波动变形,产生
尺度较小的涡旋. 这些位于上游壁面涡边界的涡旋会间歇性被拉伸
变形,在较大尺度的壁面涡翻卷运动过程中由壁面涡尾部脱出,随后
被射流剪切层中涡系卷入,与射流主体掺混后由射流背流面脱落,在
横流挟带作用下向下游移动,并在移动过程中不断发生变形、破碎,
其演化过程如图 3-14(2)~(10). 由于冲击效应较强,上游壁面涡的
流向尺度和垂向尺度基本保持不变.

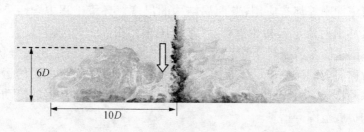

图 3-14(1) t_0

图 3-14(2) $t_0+\Delta t$

图 3-14(3) $t_0+2\Delta t$

图 3 - 14(4) $t_0 + 3\Delta t$

图 3 - 14(5) $t_0 + 4\Delta t$

图 3 - 14(6) $t_0 + 5\Delta t$

图 3 - 14(7) $t_0 + 6\Delta t$

图 3 - 14(8)　$t_0 + 7\Delta t$

图 3 - 14(9)　$t_0 + 8\Delta t$

图 3 - 14(10)　$t_0 + 9\Delta t$

图 3 - 14　对称面流动显示图像($h/D = 10$，$u_j/u_c = 20$)

　　上游壁面涡由底层壁射流流体与横流的相互作用所导致,在其形成和发展过程中与环境横流流体间存在较强的卷吸作用,由图 3 - 14 可见,上游壁面涡区域并不完全由射流流体组成,其间还包含有卷吸进入的横流流体.

　　为考虑横流水深的变化对上游壁面涡结构的影响,在流速比不变的条件下,增加横流水深,即实验参数列表 2 - 2 中 No. 4 情况,此时对称面内的流动状态如图 3 - 15 所示,由于流速比不变,射流向下游的弯曲程度并不明显,仅在接近底壁处可观察到射流主体轨迹出现较轻微的偏转.

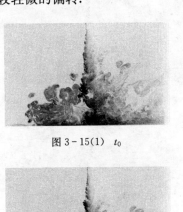

图 3 - 15(1)　t_0

图 3 - 15(2)　$t_0 + \Delta t$

图 3 - 15(3)　$t_0 + 2\Delta t$

图 3 - 15(4)　$t_0 + 3\Delta t$

图 3 - 15(5)　$t_0 + 4\Delta t$

图 3 - 15(6)　$t_0 + 5\Delta t$

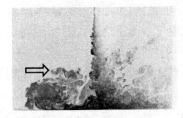

图 3 - 15(7)　$t_0 + 6\Delta t$

图 3 - 15(8)　$t_0 + 7\Delta t$

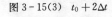

图 3-15(9) $t_0 + 8\Delta t$ 图 3-15(10) $t_0 + 9\Delta t$

图 3-15(11) $t_0 + 10\Delta t$ 图 3-15(12) $t_0 + 11\Delta t$

图 3-15(13) $t_0 + 12\Delta t$ 图 3-15(14) $t_0 + 13\Delta t$

图 3-15 对称面流动显示图像($h/D=20$, $u_j/u_c=20$)

由图 3-15 可见,增加横流水深后,虽然流速比相同,但射流对底壁的冲击效应远不如小水深时强烈. 在底壁影响下射流流体向上下游两侧发展,由于上游横流作用被限制于一定范围内,不断翻卷形成壁面涡,此壁面涡与射流主体之间有一定间隙.

在水深较大情形,上游壁面涡会向上游略微伸展,在横流作用下被拉伸、托起,上游壁面涡与横流间存在的速度不连续间断面会不断失稳,在壁面涡的边缘生成尺度较小的涡结构,从壁面涡边缘脱落,向下游发展、进入射流主体、与射流混掺、由射流背流面逸出,此过程如图 3-15(7)～(10)所示,箭头所指为壁面涡边缘一个典型涡结构的脱落过程.在壁面涡边缘小尺度涡结构不断脱落过程中,底层壁射流流体不断补充进入上游壁面涡,涡旋翻卷过程中向上游延伸,并受到横流顶托以及壁面涡边缘对横流流体的卷吸作用,壁面涡的长度和高度都会增加,形成壁面涡"膨胀"的流动现象,如图 3-15(10)～(14).在图 3-5(1)～(8)中也观察到类似的现象,随壁面涡边缘小尺度涡结构脱落数量的增多,以及与射流剪切层的相互作用,壁面涡又会形成一定的"收缩"现象,形成周而复始的拟周期性演化特征.

图 3-16 给出了上游壁面涡出现"膨胀-收缩"现象时流向和垂向尺度的定量变化.图 3-16(1)为上游壁面涡出现"收缩"现象时的典型尺度,流向尺度约为 12D,垂向尺度为 7D.而图 3-16(2)为壁面涡边缘卷吸环境水体后"膨胀"时的典型尺度,流向尺度约为 12D,垂向尺度 9D.由此可见上游壁面涡的"膨胀"主要体现在涡翻卷过程中向水面抬升导致垂向尺度增加,而向上游的扩展距离则基本保持恒定.将此水深情形($h/D=20$)与小水深情况,即 No.1 实验参数时的上游壁面涡尺度比较可见,在同样的流速比条件下,随着横流水深的增

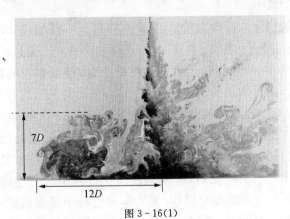

图 3-16(1)

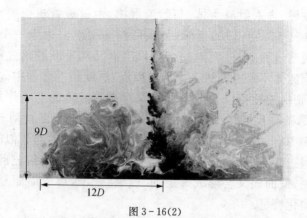

图 3-16(2)

图 3-16 上游壁面涡尺度变化($h/D=20$, $u_j/u_c=20$)

加,壁面涡向上游的穿透距离也会有所增加.

　　比较两种水深条件下上游壁面涡的运动特征可知,环境水深的增大导致上游壁面涡出现明显的非定常性,其影响主要表现在,当水深增大时,导致冲击效应减弱,上游壁面涡在翻卷过程中会出现拟周期性的"膨胀-收缩"现象,在此过程中受卷吸环境水体和横流顶托形成的涡"膨胀"主要体现在其垂向尺度增大,而涡"收缩"主要表现为其垂向尺度减小.

　　在环境横流水深较大情形($h/D=20$),从不同流速比的流动显示图像(见图 3-4、图 3-5 和图 3-15,分别对应于流速比 $u_j/u_c=$ 8、12 和 20)中还可看到,随流速比的减小(即横流作用的增强),射流在横流作用下向下游的偏转程度增加,相应对底壁的冲击效应趋于减弱,所形成的上游壁面涡的尺度也趋于减小. 在 $u_j/u_c=8$ 情形(如图 3-4 所示)对应本文实验工况中冲击效应最弱的情况,几乎不出现明显的上游壁面涡. 而对于 $u_j/u_c=12$, $u_j/u_c=20$ 情形,冲击效应导致出现上游壁面涡,壁面涡在演化过程中会在垂向出现"膨胀-恢复"的尺度不断变化过程. 旋转运动过程中壁面涡的边缘不稳定,所产生并脱落的尺度较小的涡会与射流剪切层涡结构发生相互作用.

当环境横流水深度较小时($h/D=10$),在本文实验研究三种流速比情况下,射流对底壁均产生明显的冲击效应.在此种环境水深条件下流速比的减小意味着横流作用的加强对冲击射流流动形态的影响,图3-14已经给出了对应本文实验工况中冲击效应最强时上游壁面涡的特性,对$u_j/u_c=12$和$u_j/u_c=8$实验参数下对称面流动显示图像如图3-17和图3-18所示.

图3-17(1)　t_0

图3-17(2)　$t_0+\Delta t$

图3-17(3)　$t_0+2\Delta t$

图 3 - 17(4)　$t_0 + 3\Delta t$

图 3 - 17(5)　$t_0 + 4\Delta t$

图 3 - 17(6)　$t_0 + 5\Delta t$

图 3 - 17(7)　$t_0 + 6\Delta t$

图 3-17(8)　$t_0 + 7\Delta t$

图 3-17　对称面流动显示图像($h/D=10$, $u_j/u_c=12$)

由图 3-17 可见,在流速比 $u_j/u_c=12$ 情形,射流主体在横流作用下仅向下游略有偏转,射流对底壁的冲击效应仍相当明显.上游壁射流在横流限制作用下形成的壁面涡尺度依然较大,由于与横流相互作用的加强,壁面涡的尺度和位置在运动过程中不再保持恒定,其垂向尺度的变化幅度相对较强.同时在壁面涡的运动过程中与环境横流之间的卷吸作用依然较强,在壁面涡边缘不断有小尺度涡的脱落、发展过程.

随流速比的进一步减少($u_j/u_c=8$),射流主体向下游的偏转程度增加,上游壁面涡的尺度大为减小,如图 3-18 所示.但壁面涡尺度在运动过程中仍出现较明显的非定常变化,其位置也有前后移动现象.受其影响,在靠近底壁区域内,射流主体向下游的偏转程度有所增大,且随壁面涡运动呈拟周期变化,出现一定范围内的前后摆动现象.

图 3-18(1)　t_0

图 3 - 18(2)　$t_0 + \Delta t$

图 3 - 18(3)　$t_0 + 2\Delta t$

图 3 - 18(4)　$t_0 + 3\Delta t$

图 3 - 18(5)　$t_0 + 4\Delta t$

图 3 - 18(6)　$t_0 + 5\Delta t$

图 3 - 18(7)　$t_0 + 6\Delta t$

图 3 - 18(8)　$t_0 + 7\Delta t$

图 3 - 18(9)　$t_0 + 8\Delta t$

图 3‑18(10)　$t_0 + 9\Delta t$

图 3‑18(11)　$t_0 + 10\Delta t$

图 3‑18　对称面流动显示图像($h/D=10$，$u_\mathrm{j}/u_\mathrm{c}=8$)

　　从流动显示图像还可以看到,射流主体冲击底壁后,下游壁射流
与环境横流界面相当不稳定,不断出现涡结构的卷起. 上游壁面涡后
边缘脱落的小尺度涡进入射流主体发生掺混,当由射流主体背流面
脱出时,在下游壁射流上方会出现明显的上扬扩散现象.

　　图 3‑19 所示为 $\dfrac{h}{D}=10$,$\dfrac{u_\mathrm{j}}{u_\mathrm{c}}=12$ 情况下 PIV 测量得到的两个
不同时刻对称面瞬时涡量分布图,以得到近壁区域涡结构非定常变
化的定量特征. 由图 3‑19 可见,射流主体上游区域存在一涡量集中
区域,与射流迎流面剪切层涡量强度相当,涡量垂向分布范围在不同
时刻相差较大,如图 3‑19(2)为壁面涡出现垂向尺度明显增加情形.
在下游壁射流近壁区域存在正的涡量集中区(涡的旋转方面与上游
壁面涡相反),在往下游运动过程中涡量强度衰减,而涡量分布位置
沿流向有所变化.

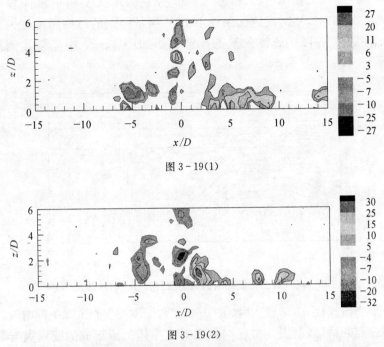

图 3 - 19(1)

图 3 - 19(2)

图 3 - 19　射流冲击区附近对称面涡量分布($h/D=10, u_j/u_c=12$)

　　这些定量结果显示出上游壁面涡已经基本与射流主体分离,但其流动呈现较强的非定常性,上游壁面涡的垂向尺度在翻卷过程中变化较大,与流动显示结果一致.而下游壁射流区内,下游壁射流与横流界面处存在波状涡结构,这是由壁射流与环境横流之间的剪切失稳造成的,在此过程中与环境横流之间存在较强的卷吸,使得下游壁射流区上方出现较大范围的扩散区,从流动显示图像中也可很清楚地看到.

　　由 LIF 流动显示及 PIV 测量所得的近壁区域涡量分布等结果,本文得到了横流冲击射流近区上游壁面涡运动特性的定性和部分定量信息,根据 PIV 测量得到的速度场分布可进一步确定上游壁面涡内部的详细流动特征.

　　图 3-20、图 3-21 和图 3-22 分别为本文实验中水深较小
$(h/D=10)$ 时,不同流速比条件下 PIV 测量得到的对称面速度矢量
及流线图. 各图中速度矢量的比例大小如图 3-20 中矢量比例尺
所示.

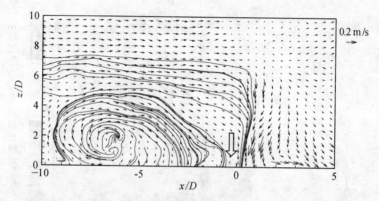

图 3-20　对称面上游壁面涡区域速度分布 $(u_{\rm j}/u_{\rm c}=20,\ h/D=10)$

　　当流速比 $u_{\rm j}/u_{\rm c}$ 较大时 $(u_{\rm j}/u_{\rm c}=20)$,即本文实验工况中冲击效应
最强烈的情形,射流冲击底壁后在射流主体上游形成的壁面涡与射
流主体之间有明显间隙(如图 3-20 中箭头所示位置),壁面涡与射
流主体完全分离,在壁面涡的翻卷运动过程中其分布范围比较稳定. 此
时壁面涡中心位于射流上游约 $6D$ 处. 由于环境横流流速较小,上游
横流对壁面涡的限制作用相对较弱,上游壁面涡垂向尺度和流向尺
度均比较大,类似附着在壁面上,且涡在运动过程中对射流主体基本
没有影响.

　　随着速度比的降低,环境横流作用逐渐增强,上游壁面涡与射流
主体间的间隙趋于减小,相应与射流剪切层之间的相互作用增强,壁
面涡在运动过程中开始出现较明显的非定常特征,图 3-21 所示为流
速比 $u_{\rm j}/u_{\rm c}=12$ 条件下,对称面上游壁面涡区域流场变化. 由图 3-21
可见,受横流以及射流剪切层影响,上游壁面涡的垂向尺度变化较
大,约在 $1.9\sim4.1D$ 范围内. 随壁面涡尺度的改变,涡心及涡与壁面

分离点位置也出现变化,上游壁面涡与射流主体之间呈现时而完全分离时而相互接触的非定常特征,图 3 - 21(1)为所形成的与射流主体完全分离的上游壁面涡,此时涡的尺度相对较小,图 3 - 21(2)为壁面涡出现"膨胀"现象时,涡的垂向尺度显著增加,壁面涡与射流主体重新接触. 此时,上游壁面涡的涡心位置虽然基本不变,但分离点的流向位置及与壁面的接触范围变化较大,从图 3 - 21(1)和(2)中可清楚地看到这种差别.

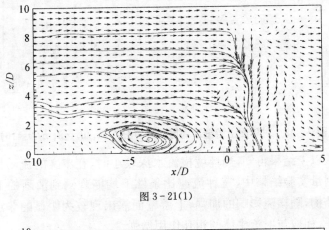

图 3 - 21(1)

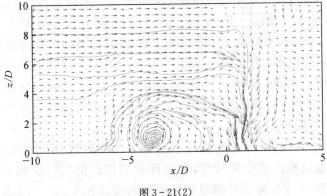

图 3 - 21(2)

图 3 - 21　对称面上游壁面涡区域速度分布($u_j/u_c=12$, $h/D=10$)

在本文实验中流速比最小情况,即 $u_j/u_c=8$ 时,壁面涡与射流主体出现相互接触,如图 3-22 所示,此时壁面涡在横流限制和顶托作用下,壁面涡的尺度及与壁面的接触范围较小,而与射流主体之间的相互作用较强.

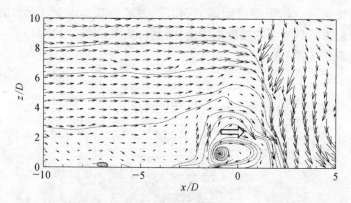

图 3-22 对称面上游壁面涡区域速度分布$(u_j/u_c=8, h/D=10)$

从以上结果可知,当环境横流水深较小时,在本文的流动显示和 PIV 测量实验结果中,三种流速比条件下均能观测到清晰的上游壁面涡结构,随横流影响的加强,上游壁面涡出现较为明显的非定常运动特征,相应与射流主体的相互作用增强.

图 3-23、图 3-24 和图 3-25 分别为本文实验中水深较大 $(h/D=20)$时,不同流速比条件下 PIV 测量得到的对称面速度矢量及流线图.流速比较大时$(u_j/u_c=20)$,由于射流向下游的偏转程度很小,上游壁面涡与射流主体分离,涡尺度较大,且壁面涡与射流主体间的间隙比小水深时更大,如图 3-23 所示,此时的壁面涡中心位置在射流上游 $8D$.

当水深较大时,在流动显示实验中已经观察到上游壁面涡形成、翻卷过程的非定常特性,即出现拟周期性的"膨胀-收缩"演化特征,图 3-24 为 PIV 测量结果得到的流速比 $u_j/u_c=12$ 条件下,射流冲击底壁形成的上游壁射流在横流作用下翻转卷起、形成与

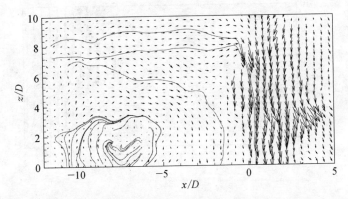

图 3 - 23　对称面上游壁面涡区域速度分布($u_j/u_c=20$, $h/D=20$)

射流主体分离的上游壁面涡、壁面涡翻卷过程中卷吸环境流体膨胀以及壁面涡体积增大后与射流主体接触的非定常发展过程. 图 3 - 24(1)为上游壁面涡出现"收缩"现象时的瞬时流场结构,壁面涡尺度较小,且与射流主体存在一较大间隙;图 3 - 24(2)为壁面涡卷吸环境流体、涡垂向尺度有所增大时的瞬时流场结构,从图中可见壁面涡与射流主体的间隙有所减小;图 3 - 24(3)为上游壁面涡出现"膨胀"现象时的瞬时流场结构,此时壁面涡垂向尺度显著增大,且与射流主体完全接触. 在此过程中,上游壁面涡涡心流向位置基本保持在 $x/D=0$ 附近,在翻卷过程过程中将环境流体卷吸进入底层壁射流,形成壁面涡的"膨胀"现象. 而出现"收缩"现象时,卷吸的环境流体围绕壁面涡,壁面涡与底壁仅略微接触,犹如悬浮在底壁附近,没有环境横流水深较小情况下壁面涡的明显附壁现象,同时射流主体在距离底壁约 $5D$ 的垂向位置出现明显的向下游偏转.

　　在流速比 $u_j/u_c=8$ 条件下,射流进入环境水流后即受到横流作用向下游偏转,射流轨迹逐渐转至横流运动方向,对水槽底壁不再形成明显的冲击效应,近区范围内没有观察到明显的上游壁面涡,其流动结构如图 3 - 25 所示.

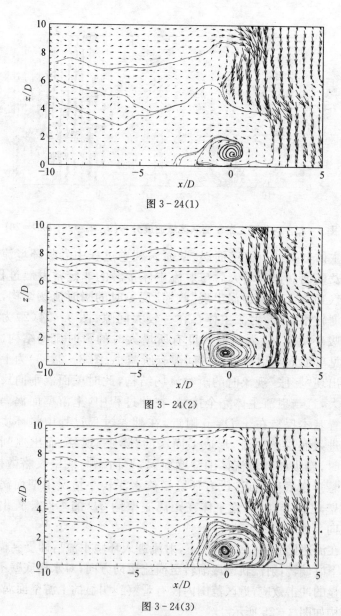

图 3 - 24(1)

图 3 - 24(2)

图 3 - 24(3)

图 3 - 24 对称面上游壁面涡区域速度分布($u_j/u_c=12$, $h/D=20$)

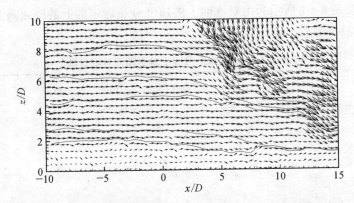

图 3-25   对称面上游壁面涡区域速度分布($u_j/u_c=8$, $h/D=20$)

对横流冲击射流所形成的上游壁面涡,本文实验研究中影响其流动形态的主要参数包括横流水深 h、横流流速 u_c、射流出口几何参数(圆射流出口直径 D)、射流流速 u_j 等.描述上游壁面涡流动结构的特征参数主要包括射流出口位置 x_j、上游壁面涡的涡心位置(流向位置 x_c 和垂向位置 z_c)、壁面涡的流动分离点 x_s、壁面向上游穿透距离 x_p(即向上游的发展尺度)、壁面涡的垂向尺度 z_v(即壁面涡高度)等,各特征参数如图 3-26 中所示.

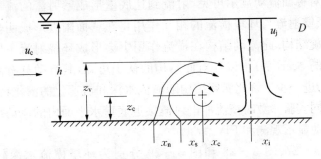

图 3-26   上游壁面涡流动特征参数示意图

本文研究中将射流出口位置设于 $x_j=0$ 处,由 PIV 测量得到的对称面流速分布可得上游壁面涡的发展变化,并定量得到各流动特征

参数.表 3-1 所示为由对称面上的速度分布确定的上游壁面涡流动
结构特征参数.

表 3-1　横流冲击射流上游壁面涡特征参数

	x_c/D	z_c/D	x_s/D	x_p/D	z_v/D
$\dfrac{h}{D}=10, \dfrac{u_j}{u_c}=20$	-6.1	1.9	-8.6	-9.4	4.9
$\dfrac{h}{D}=10, \dfrac{u_j}{u_c}=12$	$-4.3\sim$ -4.0	$0.9\sim$ 1.0	-5.0	$-7\sim$ -6.6	4.1
$\dfrac{h}{D}=10, \dfrac{u_j}{u_c}=8$	-1.1	1.0	-1.0	-3.4	3.8
$\dfrac{h}{D}=20, \dfrac{u_j}{u_c}=20$	-8.0	1.6	-10.8	-11.4	3.4
$\dfrac{h}{D}=20, \dfrac{u_j}{u_c}=12$	$-0.3\sim$ 0.1	$0.9\sim$ 1.2	$-1.0\sim$ -0.6	$-2.2\sim$ -1.6	$1.8\sim$ 3.3
$\dfrac{h}{D}=20, \dfrac{u_j}{u_c}=8$	—	—	—	—	—

3.2.3.2　Scarf 涡

由对称面流动显示可见,射流到达底壁形成壁射流的流动形态
后,底层壁射流与环境横流的相互作用将在壁面附近形成明显的大
尺度涡旋结构.此流动结构在横流作用下会形成环绕射流主体往下
游发展的 Scarf 涡.由以往对此结构的认识可知,其流动具有高度三
维性.为进一步了解此涡旋结构随横流水深和流速比的演化特征,本
文对不同实验参数时横流冲击射流接近底壁水平面内的流动结构进
行了流动显示观测和 PIV 测量.

图 3-27、图 3-28 和图 3-29 分别为环境横流水深较小时
($h/D=10$),不同流速比条件下的水平面流动显示图像.其中图 3-27
为流动参数($u_j/u_c=8$, $h/D=10$)、距离水槽底壁不同高度两水平面
内($z/D=1$, 2)的流动显示图像;图 28 为流动参数($u_j/u_c=12$,

$h/D=10$)、相同高度水平面内($z/D=2$)不同时刻的流动显示图像；图3-29为流动参数($u_j/u_c=20$，$h/D=10$)、距离水槽底壁不同高度两水平面内($z/D=2$，4)的流动显示图像.

图3-27(1)　$z/D=1$　　　　图3-27(2)　$z/D=2$

图3-27　水平面流动显示图像($u_j/u_c=8$，$h/D=10$)

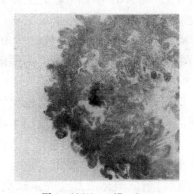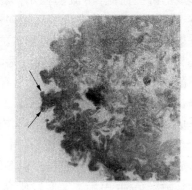

图3-28(1)　$z/D=2,t_0$　　　图3-28(2)　$z/D=2,t_0+\Delta t$

图3-28　水平面流动显示图像($u_j/u_c=12$，$h/D=10$)

对于以往研究较多的横射流情形,由于射流对环境横流的垂向穿透作用(Penetration),射流对环境横流的阻碍会使横流在射流出口前缘形成围绕射流向下游发展的马蹄涡结构,马蹄涡以及底部横流

图 3－29(1) $z/D=2$ 图 3－29(2) $z/D=4$

图 3－29 水平面流动显示图像$(u_j/u_c=20,\ h/D=10)$

边界层的共同作用在射流背流面区域内形成绕流分离涡旋. 在本文所研究的横流冲击射流近区流动中，环境水深小于射流垂向穿透深度，射流冲击底壁后形成的上游壁射流受环境横流的限制、顶托作用形成上游壁面涡，由流动显示图像可见，此涡结构围绕射流主体翻卷、沿横向扩展，并在近壁区域向远区发展，在射流主体形成的底层壁射流与环境横流边界附近形成的带状结构，即 Scarf 涡. 比较 Scarf 涡与马蹄涡这两种流动结构可见，两者均为沿射流主体横向两侧向下游发展的带状结构，在形状上有些相近，而且无论马蹄涡或 Scarf 涡，其流动均表现出强烈的三维性. 但 Scarf 涡是由底层壁射流流体形成，而马蹄涡则是受射流阻碍作用下的横流流体形成，其流动本质上存在差异. 横流冲击射流中，射流流体形成的 Scarf 涡与横流流体形成的马蹄涡结构均会存在，但 Scarf 涡在尺度上和强度上均远远大于马蹄涡结构. 由于本文实验研究中仅对射流流体添加荧光示踪剂，因此流动显示中观测到的围绕射流的大尺度涡旋结构应为射流流体所形成，即 Scarf 涡结构.

当环境横流水深较小时$(h/D=10)$，在三种流速比情形均存在较明显的冲击效应，由对称面流动显示图像都可以清晰观察到 Scarf 涡结构. 比较三种流速比情形，射流冲击底壁形成的冲击效应越强（即流速比越大),环绕射流主体形成的螺旋状向下游发展的 Scarf 涡结构的横向和流向扩展范围越大,如图 3-27(2)、图 3-28(1)和图 3-29(1).此水深条件下 Scarf 涡结构与射流主体间始终存在较明显的间隙,在其往下游发展过程中与射流主体间的相互作用较为微弱.

在流动显示图像中还可以观察到,Scarf 涡的带状区域内存在更小尺度的涡旋结构,如图 3-28(2)中可清晰看到射流主体上游 Scarf 涡螺旋型结构的水平截面内,前缘出现成对卷起的小涡,如图中箭头所指结构.这些包含在 Scarf 涡带状区域内的小尺度结构在 Scarf 涡旋转过程中会脱落并随横流向下游运动,如图 3-29(2)中箭头所示.同时从流动显示图像中可见,由于 Scarf 涡的带状结构在其往下游发展过程中与环境流体存在较强的卷吸,随冲击效应的增强,Scarf 涡的带状结构宽度也越大.

本文流动显示图像中由于仅在射流流体中添加了示踪剂,因此可将射流流体与环境流体区分,由此可确定围绕射流主体形成的大尺度带状结构为 Scarf 涡,并可进一步确定其位置和大致尺度.而在 PIV 流场测量中也可观察到围绕射流主体两侧呈带状发展的大尺度 Scarf 结构(见图 3-12).图 3-30 为本文实验工况中冲击效应最强时,PIV 测量得到的距离水槽底壁不同高度各水平面内流速分布矢量图.将 PIV 测量所得流场中围绕射流主体向下游发展的带状结构与流动显示中射流流体形成的 Scarf 涡的位置、尺度比较可知,PIV 测量结果中在冲击射流前缘形成的围绕射流的大尺度结构为 Scarf 涡.

由图 3-30 可见,在 $z/D>1$ 范围内 Scarf 涡与射流前缘之间存在一定距离的间距. Scarf 涡是上游壁射流在横流作用下围绕射流主体横向两侧向下游发展的涡系,水平面内 Scarf 涡的分布也反映出射流上游壁面涡的流动特性.各不同高度水平面内的 Scarf 涡结构与射流主体前缘以及射流背流面的尾迹涡系均保持一定间隙,这也说明冲击效应较强的情况下,近区范围内 Scarf 涡结构对射流主体及其向下游的流动状态影响较小. Scarf 涡是以螺旋形式向下游发展,呈强烈的三维特性,由 Scarf 涡的带状区域内速度矢量也可以观测到其在水平面内包含的尺度更小的内部结构.

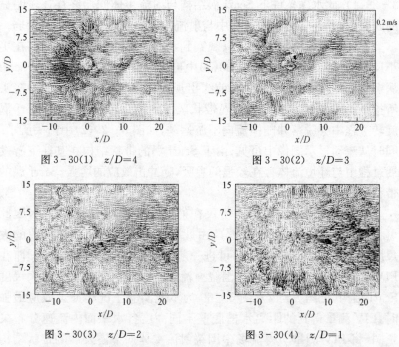

图 3 - 30(1)　$z/D=4$　　　　　　　图 3 - 30(2)　$z/D=3$

图 3 - 30(3)　$z/D=2$　　　　　　　图 3 - 30(4)　$z/D=1$

图 3 - 30　射流冲击区附近水平面速度场($u_j/u_c=20$, $h/D=10$)

在冲击效应较强时,由于 Scarf 涡结构在尺度上大于射流下游的尾迹涡,其在近区和远区的维持距离和影响范围更远远大于尾迹涡,射流的影响范围可由 Scarf 涡的扩展范围来衡量,这说明 Scarf 涡结构在实际工程问题中,尤其涉及污染物扩散问题,对横流冲击射流近区和远区的流动和污染物浓度分布特性起着重要作用.

根据本文水平面流速测量得到的 Scarf 涡的横向扩展范围列于表 3 - 2 中,其中参数 y_c 表示围绕射流主体形成的 Scarf 涡结构在流向位置 $x/D=0$,其横向扩展范围的半宽度. 由于在运动过程中 Scarf 涡在横流作用下出现一定范围内的位置和尺度变化,此参数为由测量所得各组流场数据的统计平均得出. 由此参数可确定 Scarf 涡的横向尺度,由射流主体上游壁面涡的各特征参数可得到 Scarf 涡的流向尺度,因此由这些参数可确定本文实验工况下,横流冲击射流近区范围内射流流体的影响范围.

表 3 - 2 Scarf 涡的横向特征参数

实验参数	$\dfrac{h}{D}=10$	$\dfrac{h}{D}=10$	$\dfrac{h}{D}=10$	$\dfrac{h}{D}=20$	$\dfrac{h}{D}=20$	$\dfrac{h}{D}=20$
	$\dfrac{u_{\mathrm{j}}}{u_{\mathrm{c}}}=20$	$\dfrac{u_{\mathrm{j}}}{u_{\mathrm{c}}}=12$	$\dfrac{u_{\mathrm{j}}}{u_{\mathrm{c}}}=8$	$\dfrac{u_{\mathrm{j}}}{u_{\mathrm{c}}}=20$	$\dfrac{u_{\mathrm{j}}}{u_{\mathrm{c}}}=12$	$\dfrac{u_{\mathrm{j}}}{u_{\mathrm{c}}}=8$
$\dfrac{y_{\mathrm{c}}}{D}$	15	10	8	10	6.4	—

§3.3 本章小结

横流冲击射流近区流场中存在各种类型的涡旋结构. 射流进入横流后,射流主体与横流边界的剪切层内产生涡旋并随射流发展,同时,由于射流对环境横流的阻碍作用,横流沿射流主体横向产生剪切绕流,导致射流背流面尾迹涡系的出现. 由于射流穿透深度大于环境横流水深,因此在近区范围内出现射流对底壁的冲击效应,形成壁射流的流动形态,其与横流的相互作用下会在射流主体上游出现大尺度的壁面涡结构,壁面涡向下游发展形成围绕底层壁射流的带状 Scarf 涡结构. 流场中这些涡旋结构并非完全独立,而是存在相互作用.

本章根据横流冲击射流水槽实验 LIF 流动显示和 PIV 测量结果对各种类型的涡旋结构分别进行分析,得到各流动参数条件下(包括横流水深和流速比的变化)横流冲击射流的剪切层涡、射流尾迹涡、上游壁面涡和 Scarf 涡随时间、空间的流动形态和演化特征. 在流动显示(激光诱导荧光)时仅在射流流体中添加示踪剂,因此根据所拍摄记录的流动显示图像序列可得到射流流体在不同流动参数条件下的非定常运动形态和涡旋特征. 在流动显示所得信息基础上由 PIV 流场测量得到各流动参数条件下横流冲击射流近区涡旋结构的定量特性. 本章得到的主要实验结果如下:

◆ 在不同横流条件下, 射流出口附近剪切层内, 迎流面和背流面内初始形成的剪切涡存在关于射流中心线的近似轴对称、交替型以及螺旋型涡环的分布形式. 随射流的发展, 受横流影响以及涡间相互作用, 剪切涡均会发展为围绕射流主体的螺旋型模式. 射流主体部分的流动呈现较强的三维性, 迎流面的剪切涡卷吸环境流体, 在发展过程中可清晰观察到涡间存在较明显的间隙, 而背流面剪切涡分布更不规则, 存在涡脱落、破碎现象;

◆ 随环境水深的增大和横流影响的加强(相应流速比减小), 冲击射流与横流的相互作用将导致近壁区域流动结构呈现出较明显的非定常特征. 上游壁面涡在形成和翻卷过程中呈现拟周期性的"膨胀-收缩"现象, 在此过程中与射流剪切层的相互作用导致射流主体在接近底壁时表现为沿射流轴线一定范围内的摆动, 且偏斜程度的变化主要与上游壁面涡状态有关. 当上游壁面涡为"膨胀"状态时, 壁面附近区域内射流主体向下游的偏斜程度较小; 而当上游壁面涡为"收缩"状态时, 射流主体的偏斜程度则略有增大;

◆ 本文流动显示实验时仅在射流流体中添加了荧光染色剂, 从而得到射流主体背流面所形成的射流尾迹涡. 环境横流水深较大时, 对于基本不受底壁边界影响的射流尾迹涡系, 涡的分布不仅有按照旋转方向交替排列的分布形式, 还有旋转方向相同的涡成对相邻出现的分布形式, 在射流主体后缘附近区域内还经常出现由射流主体拉伸脱落的不同旋转方向的尾迹涡沿横向并列分布的情形. 在射流后缘脱落的涡在向下游运动过程中, 不仅有水平面内的旋转、拉伸变形, 还有在垂直平面内的扭转运动, 表现出明显的三维流动形态. 随着环境水深和流速比的减小, 横流尾迹涡系成为射流背流面区域内的主要流动结构, 其涡量强度和向下游的维持距离大于射流尾迹涡;

◆ 上游壁射流与横流相互作用形成的上游壁面涡的扩展范围和

非定常运动特性依赖于冲击效应和横流影响. 在本文实验工况中冲击效应最强的情形(即环境水深 $h/D=10$,流速比 $u_j/u_c=20$),上游壁面涡尺度较大,与射流主体间存在明显的间隙,在翻卷过程中对射流主体无明显影响. 随着环境水深的增加和速度比的减小,上游壁面涡运动的非定常性增强,主要表现为涡的垂向尺度、分离点的流向位置及与壁面接触范围出现拟周期性变化,与射流主体之间的相互影响相应增强;

◆ 上游壁面涡在形成和翻卷过程中对环境横流存在较强的卷吸作用,壁面涡的边缘在旋转运动过程中出现波动变形形成小尺度的涡,并不断从壁面涡边缘脱落,在横流作用下向下游发展过程中会卷入射流剪切层与射流主体掺混后由背流面脱落;

◆ 在冲击效应较强的情形,环绕射流主体形成的螺旋状向下游发展的 Scarf 涡结构的横向和流向扩展范围随冲击效应的增强而增大,在其往下游发展过程中与射流主体间的相互作用较为微弱,而在其带状结构区域包含有小尺度涡结构的生成和脱落,与环境流体存在较强的卷吸.

另外,本章由 PIV 流场测量得到了各流动参数条件下壁面涡的涡心位置、垂向尺度、上游穿透距离和分离点位置等描述上游壁面涡状态的特征参数,由流动显示和 PIV 流速测量确定 Scarf 涡的横向扩展范围,从这些特征参数可得到不同流动参数条件下横流冲击射流的影响区域. 对在实际问题中出现的类似流动,如污染物扩散问题,可作为确定横流冲击射流近区扩散范围的依据.

第四章　横流冲击射流的
　　数值计算方法

§4.1　概述

　　20 世纪 70 年代以来,计算机技术的发展日新月异.随着计算机技术的不断提高,加上计算方法的发展,计算流体力学(Computational Fluid Dynamics, CFD)在流体力学研究中发挥了越来越重要的作用.与实验研究相比,数值模拟耗资较少、研究周期较短,而且数值模拟还具有可以方便地改变初始条件、边界条件、流体特性并可得到某些实验难以观测到的详细流场信息等优势,目前 CFD 数值模拟已成为流体力学的重要研究手段之一.

　　各种类型的湍流流动可看作由不同大小时间尺度和空间尺度的涡旋运动叠加而成,其中最大涡与流动的边界条件和几何条件密切相关,涡的尺度为平均流场的特征尺度,而最小涡的尺度则主要指粘性耗散尺度,流场中各种涡的尺度范围很大.根据计算条件和计算目的的不同,可以对湍流流动进行不同精细程度的数值模拟.目前 CFD 中采用的数值模拟方法主要分为 Reynolds 平均方法(基于求解 RANS 方程的湍流模式理论)、大涡模拟(LES, Large Eddy Simulation)和直接数值模拟(DNS, Direct Numerical Simulation)三种主要类型[17].

　　直接数值模拟理论上对所有尺度的湍流瞬时量均进行求解,但直接数值模拟所占用的计算资源非常庞大.含能的大尺度涡与耗散能量的小尺度涡尺度之比为 $Re_t^{\frac{3}{4}}$(Re_t 是湍流 Reynolds 数),为求解所有尺度的湍流运动,三维流动中网格总数与 $Re_t^{\frac{9}{4}}$ 成正比.因此对实际流动中常见的高 Reynolds 数流动而言,直接数值模拟所要求的计算资源很难达到. 对于非定常计算来说,由于时间尺度是由粘性耗散尺度而非平均流动尺度决定,所以计算中采用的时间步长也要求非常小. 很多情况下,对复杂几何形状中的高 Reynolds 数湍流流动的数值研究,在现有计算机能力的条件下根本不可能通过直接求解 Navier-Stokes 方程来进行. 对此有两个可选择的方法,即 Reynolds 平均方法和大涡模拟,此两种方法均是对 Navier-Stokes 方程进行变形,不再直接求解小尺度脉动量. 变形后引入的附加项则需由模式得到,以使方程封闭.

Reynolds 平均方法仅求解平均量,对所有湍流尺度的脉动量均进行模拟,常用的模型包括 k-ε 模型及其各种改进形式、k-$\bar{\omega}$ 模型、Reynolds 应力输运模型(RSM)等. 以此方法进行数值模拟时,即使流动为非定常,由于所采用的时间步长是由平均流动的非定常性决定,而非取决于湍流脉动量的非定常性,因此大大降低了计算所需时间和对计算条件的要求. 因其节约计算资源,并已发展了各种湍流模型以适应不同流动形态,对一般流动所得结果基本可满足工程要求,所以在实际工程计算中应用较为广泛. 但 Reynolds 平均方法求解的仅是平均流动信息,对所有尺度的湍流脉动均由模型得到,无法得到各脉动量的详细信息,对湍流运动中那些有一定运动规律的拟序涡结构也无法由模式得出. 而且各种湍流模型中的参数一般由实验数据或假设条件得出,因此各种模型均有其应用的局限性,对非定常复杂流动的湍流特性,尤其对横射流、冲击射流等复杂流动的预测结果与实验测量结果差别较大.

大涡模拟则是介于直接数值模拟与 Reynolds 平均方法之间. 湍流运动的动力学特性主要受大尺度涡结构的控制,且大涡为各向异性,故对表征湍流流动的各种时间和空间尺度的涡分别对待,对受流动几何条件和边界条件影响的大涡直接求解,而对近似各向同性的小涡采用模式进行模拟.

大涡模拟中首先对 Navier-Stokes 方程进行滤波,将小于滤波器尺度(即网格尺度)的小涡滤掉,然后由滤波后的方程组对大尺度涡进行直接求解,对滤波过程产生的未知项则由模式得到. 大涡模拟对网格尺度的要求至少可低于直接数值模拟一个数量级,时间步长与大尺度涡的发展时间成比例,也比直接数值模拟的要求低. 大涡模拟的优点在于,由于对湍流脉动量的模拟远少于 Reynolds 平均方法,因而由湍流模式中各种假定引起的误差也大为降低. 而且滤波后的小尺度量受宏观流动特性的影响较少,更加趋于各向同性,所以较有可能找到相对广泛适用的模型,因此对小尺度涡采用模型模拟也更加合理. 在计算量方面,与直接数值模拟相比,大涡模拟对网格分辨率的要求降低了很多,因此所耗费的计算资源也较直接数值模拟大为降低. 但相对 Reynolds 平均方法而言,大涡模拟所要求的计算量依然是相当可观的.

本文由水槽实验得到了横流冲击射流近区范围内的流动和涡旋演化特征,但对射流主体区域流场和涡旋结构的三维特性,以及非定常发展演变等方面还需深入了解,在以往的数值研究中还未见相关报道,因此本文在实验研究基础上对横流冲击射流近区瞬时流场结构进行了数值模拟.

本文对横流冲击射流的数值研究采用非定常大涡模拟进行,流动参数与实验研究中的参数一致. 这样一方面可以避免采用湍流模式预测冲击射流流场时所固有的缺陷,另一方面数值模拟结果可以得到横流冲击射流内部详细的流动特性、横流冲击射流随时间、空间的演化等非定常流动信息,将数值模拟结果与实验研究结果相互验证和补充,以深入对横流冲击射流近区非定常流动和涡旋结构特性的了解.

§4.2　大涡模拟方法介绍

为得到不同环境横流条件下冲击射流内部详细流动信息以及近区形成的大尺度涡旋的三维演化特征,本文对横流冲击射流的流场结构采用三维非定常大涡模拟.

大涡模拟方法理论基础为：将湍流中的涡分为大、小两类，其中大尺度涡与平均流动之间有强烈的相互作用，动量、质量、能量及其他被动标量主要由大涡输运，且大尺度涡受流动的几何形状和边界条件影响，对流动的初始条件也有很大的依赖性，涡的形态和强度因平均流动而异，是高度各向异性的；而小尺度涡受流动几何形状的影响不大，近似为各向同性，小尺度涡与平均流动和边界条件几乎无关，对不同流动初始状态的依赖性也很小，因此在只对小涡进行模拟时更易得到较为通用模型. 在此条件下对大涡由 Navier-Stokes 方程描述，并进行直接求解；对小涡的耗散作用和对大涡的反馈，则通过湍流模型进行模拟，即亚网格尺度模型.

4.2.1 控制方程

大涡模拟以 Navier-Stokes 方程为基础. 本文计算中假定流体为不可压缩，不可压缩 Navier-Stokes 方程为：

$$\frac{\partial \rho}{\partial t} + \frac{\partial}{\partial x_i}(\rho u_i) = 0$$

$$\frac{\partial}{\partial t}(\rho u_i) + \frac{\partial}{\partial x_j}(\rho u_i u_j) = -\frac{\partial \overline{p}}{\partial x_i} + \frac{\partial}{\partial x_j}\left(\mu\left(\frac{\partial u_i}{\partial x_j} + \frac{\partial u_j}{\partial x_i}\right)\right)$$

对 Navier-Stokes 方程滤波后即得大涡模拟的控制方程.

滤波过程中，尺度小于滤波器宽度或网格间距的涡将被滤掉，滤波后的方程即是大尺度涡的控制方程. 对于变量 $\phi(\vec{x})$，滤波后的变量 $\overline{\phi}$ 为：

$$\overline{\phi}(\vec{x}) = \int_D \phi(\vec{x'}) G(\vec{x}, \vec{x'}) \mathrm{d}\vec{x'}$$

式中 D 是计算区域范围，G 是确定涡分辨尺度的滤波函数. 对以有限体积法进行离散求解的数值方法，则有：

$$\overline{\phi}(x) = \frac{1}{V}\int_V \phi(x')\mathrm{d}x', x' \in V$$

其中 V 是计算单元的体积, 所采用的滤波函数 $G(x, x')$ 为:

$$G(x, x') = \begin{cases} \dfrac{1}{V} & x' \in V \\ 0 & x' \notin V \end{cases}$$

采用以上滤波函数对不可压缩 Navier-Stokes 方程进行滤波后, 即得大涡模拟的控制方程:

$$\frac{\partial \rho}{\partial t} + \frac{\partial}{\partial x_i}(\rho \overline{u}_i) = 0$$

$$\frac{\partial}{\partial t}(\rho \overline{u}_i) + \frac{\partial}{\partial x_j}(\rho \overline{u}_i \overline{u}_j) = -\frac{\partial \overline{p}}{\partial x_i} + \frac{\partial}{\partial x_j}\left(\mu \frac{\partial \overline{u}_i}{\partial x_j}\right) - \frac{\partial \tau_{ij}}{\partial x_j}$$

其中 $\overline{u}_i$ 为滤波后的速度分量, τ_{ij} 是亚网格尺度的应力项. 对速度分量中未由计算网格求解的部分, 其对流动的作用由亚网格应力 τ_{ij} 表征.

大涡模拟中亚网格应力 τ_{ij} 表达式为:

$$\tau_{ij} = \rho \overline{u_i u_j} - \rho \overline{u_i}\, \overline{u_j}$$

大涡模拟中的大尺度速度是局部空间的平均, 称为滤波后速度, 也称为大尺度速度. 大涡模拟的控制方程与 Reynolds 平均方法中经时间平均后的控制方程在形式上很相似, 但两者的区别在于大涡模拟控制方程中的变量为滤波量而非时间平均量, 而且湍流应力表达式也不同.

4.2.2 亚网格尺度模型

滤波后控制方程中的亚网格尺度应力项 τ_{ij} 为未知量, 需要由模型得到. 大涡模拟中所采用的亚网格尺度模型一般为 Reynolds 平均方法中所使用的湍流模式方法.

早期大涡模拟中广泛采用 Smagorinsky(1963)提出的亚网格模型,此亚网格模型是基于涡粘模型,其形式如下:

$$\tau_{ij} - \frac{1}{3}\tau_{kk}\delta_{ij} = -2\mu_t \overline{S}_{ij}$$

其中 μ_t 是亚网格尺度的湍流粘性系数,$\overline{S}_{ij}$ 是应变率张量,其表达式为:

$$\overline{S}_{ij} = \frac{1}{2}\left(\frac{\partial \overline{u}_i}{\partial x_j} + \frac{\partial \overline{u}_j}{\partial x_i}\right)$$

涡粘系数表达式为:

$$\mu_t = \rho L_s^2 |\overline{S}|$$

其中 L_s 为亚网格尺度的混合长度,$L_s = \min(kd, C_s V^{\frac{1}{3}})$,$k = 0.42$,$d$ 为与壁面距离,C_s 为 Smagorinsky 常数,V 为计算单元体积,$|\overline{S}| = \sqrt{2\overline{S}_{ij}\overline{S}_{ij}}$. 对惯性子区的各向同性均匀湍流,$C_s = 0.23$,但对存在平均剪切的流动或过渡区流动,此常数值会引起大尺度脉动的过度衰减,需将模型参数减小,一般采用 $C_s = 0.1$.

目前 Smagorinsky 模型对流动比较简单、较低 Reynolds 数的流动模拟效果较好,但对更复杂流动或高 Reynolds 数情况,则需要更精确的模型. 因此提出了很多改进亚网格模拟精度的方法,如动态亚网格模型、重整化群亚网格模型等. Germano[154-156] 提出动态亚网格模型,即对亚网格尺度的应力项 τ_{ij} 再进行一次滤波,滤波函数与第一次滤波的函数可以不同.

将二次滤波后的结果进行分解:

$$(\tau_{ij}) = (\overline{u}_i \overline{u}_j) - (\overline{u_i u_j}) = L_{ij} + T_{ij}$$

其中:

$$L_{ij} = (\overline{u}_i \overline{u}_j) - (\overline{u}_i)(\overline{u}_j)$$

$$T_{ij} = (\overline{u}_i)(\overline{u}_j) - (\overline{u_i u_j})$$

上式中 L_{ij} 表达式中各项可以直接计算，T_{ij} 则需要模化.

动态亚网格模型的优点在于：应用 Smagorinsky 模型模拟剪切流动时要将模型参数降低很多，而动态模型的则可以自动调整；在壁面附近，Smagorinsky 模型还应进一步减小，而动态模型在与壁面平行的平面上平均，可使参数值自动降低；当计算的长度尺度不太适当时，动态模型能自行改变参数予以补偿，进而改善模拟结果. 此方法在实际计算中的问题是，在进行二次滤波推导中作为常数处理的模型参数在最后计算时却是作为时间和空间的函数，而且此参数的快速变化会导致涡粘性出现负值. 虽然实际中会出现能量从小尺度涡向大尺度涡传递，即出现反散射现象，但这仅为局部现象，且在计算范围或长时间内出现负的涡粘性将会导致计算不收敛.

为克服涡粘性出现大的负值、作为常数推导模型参数在计算时却作为时间和空间函数进行计算的矛盾，一直有学者致力于借助其他的数学工具处理和改进亚网格模型，Yakhot 等[157,158]利用重整化群理论推导的亚网格模型便是其中常用的一种.

本文大涡模拟中的亚网格模型采用重整化群（RNG）亚网格模型，即由重整化群理论推导亚网格尺度的涡粘系数，所得有效亚网格粘性系数 $\mu_{\mathrm{eff}} = \mu + \mu_t$ 的表达式为：

$$\mu_{\mathrm{eff}} = \mu[1 + H(x)]^{\frac{1}{3}}$$

式中 $H(x)$ 是 Heavciside 函数：

$$H(x) = \begin{cases} x & x > 0 \\ 0 & x \leqslant 0 \end{cases}$$

其中：

$$x = \frac{\mu_s^2 \mu_{\mathrm{eff}}}{\mu^3} - C$$

$$\mu_s = (C_{mg} V^{\frac{1}{3}})^2 \sqrt{2\overline{S}_{ij}\overline{S}_{ij}}$$

V 是计算单元的体积,表达式中的常数 $C_{rng} = 0.157, C = 100$.

在流动中的高湍流区 $\mu_t \gg \mu$,则有 $\mu_{eff} \approx \mu_s$,RNG 亚网格模型退化为 Smagorinsky 模型形式,但模型常数与 Smagorinsky 模型中的不同. 而在流动中的低湍流区,有效粘性系数为分子粘性系数. RNG 亚网格模型比一般亚网格模型的优越之处在于对过渡区及近壁区内的低 Reynolds 数流动的处理更加合理.

§4.3 初始条件与边界条件

为得到横流冲击射流随时间、空间的演化过程,采用非定常大涡模拟计算. 由于非定常问题对初始条件的敏感性,且大涡模拟中对收敛条件要求较高,因此本文大涡模拟所设置的横流初始流场由预计算得到. 为提供模拟精确性,本文大涡模拟中的进口速度边界条件也由预计算得出. 横流初始流场和进口边界条件都采用 RNG k-ε 湍流模型来计算得到.

4.3.1 RNG k-ε 模型

瞬态的流体运动控制方程为:

$$\frac{\partial \rho}{\partial t} + \frac{\partial}{\partial x_i}(\rho u_i) = 0$$

$$\frac{\partial}{\partial t}(\rho u_i) + \frac{\partial}{\partial x_j}(\rho u_i u_j) = -\frac{\partial p}{\partial x_i} + \rho g_i + \frac{\partial \tau_{ij}}{\partial x_j}$$

其中 τ_{ij} 时应力张量,其表达式为:

$$\tau_{ij} = \mu\left(\frac{\partial u_i}{\partial x_j} + \frac{\partial u_j}{\partial x_i}\right) - \frac{2}{3}\mu\frac{\partial u_l}{\partial x_l}\delta_{ij}$$

对瞬态控制方程进行平均,将变量分解为平均项和脉动项两部分. 对各速度分量 u_i:

$$u_i = \overline{u}_i + u'_i$$

对压力和其他标量：

$$\phi_i = \overline{\phi}_i + \phi'_i$$

将此分解表达式代入瞬时连续性方程和动量方程，并进行时间平均，即得到 Reynolds 平均方程：

$$\frac{\partial \rho}{\partial t} + \frac{\partial}{\partial x_i}(\rho \overline{u}_i) = 0$$

$$\frac{\partial}{\partial t}(\rho \overline{u}_i) + \frac{\partial}{\partial x_j}(\rho \overline{u}_i \overline{u}_j) = -\frac{\partial \overline{p}}{\partial x_i} + \rho \overline{g}_i +$$

$$\frac{\partial}{\partial x_j}\left[\mu\left(\frac{\partial \overline{u}_i}{\partial x_j} + \frac{\partial \overline{u}_j}{\partial x_i} - \frac{2}{3}\delta_{ij}\frac{\partial \overline{u}_l}{\partial x_l}\right)\right] + \frac{\partial}{\partial x_j}(-\rho \overline{u'_i u'_j})$$

方程中出现了附加的 Reynolds 应力项 $-\rho \overline{u'_i u'_j}$，此项代表了流动中的湍流效应. 为使方程封闭，必须对此项进行模拟. 通常采用 Boussinesq 假设将 Reynolds 应力与平均速度梯度相联系：

$$-\rho \overline{u'_i u'_j} = \mu_t\left(\frac{\partial \overline{u}_i}{\partial x_j} + \frac{\partial \overline{u}_j}{\partial x_i}\right) - \frac{2}{3}\left(\mu_t \frac{\partial \overline{u}_i}{\partial x_i} + \rho k\right)\delta_{ij}$$

式中 μ_t 为湍流粘性系数，μ_t 是 k 和 ε 的函数：

$$\mu_t = \rho C_\mu \frac{k^2}{\varepsilon}$$

C_μ 为常数. k、ε 分别为湍动能和耗散率，通过附加的输运方程得到：

$$\rho \frac{\mathrm{d}k}{\mathrm{d}t} = \frac{\partial}{\partial x_i}\left[\left(\mu + \frac{\mu_t}{\sigma_k}\right)\frac{\partial k}{\partial x_i}\right] + G_k + G_b - \rho\varepsilon$$

$$\rho \frac{\mathrm{d}\varepsilon}{\mathrm{d}t} = \frac{\partial}{\partial x_i}\left[\left(\mu + \frac{\mu_t}{\sigma_\varepsilon}\right)\frac{\partial \varepsilon}{\partial x_i}\right] + C_{1\varepsilon}\frac{\varepsilon}{k}(G_k + C_{3\varepsilon}G_b) - C_{2\varepsilon}\rho\frac{\varepsilon^2}{k}$$

式中 G_k 代表由平均速度梯度引起的湍动能产生，G_b 代表浮力引起的湍动能产生,$C_{1\varepsilon}$、$C_{2\varepsilon}$、$C_{3\varepsilon}$ 为常数. σ_k、σ_ε 分别为 k、ε 的湍流 Prandtl 数.

标准 k-ε 模型将湍流脉动速度和特征长度分别对待,以湍动能 k 反映特征速度,用湍动能耗散率 ε 反映特征长度. 由于脉动特征速度和特征长度是通过求解相应的微分方程求得,此模型在一定程度上考虑了流场中各点的湍动能传递和流动的历史作用,能比较好的模拟环流、渠道流、自由湍射流甚至某些复杂流动. 由于其较好的收敛性、对计算资源要求不高并能得到较合理结果,因此是实际工程应用中最常用的湍流模型. 但此模型属于半经验模型,在模型方程的推导过程中采用了一系列经验系数,因此限制了模型的适用范围. 由此产生了标准 k-ε 模型的各种改进形式,RNG k-ε 模型便是其中之一. RNG k-ε 模型以重整化群理论推导得到模型中 k、ε 的输运方程:

$$\rho \frac{\mathrm{d}k}{\mathrm{d}t} = \frac{\partial}{\partial x_i}\left(\alpha_k \mu_{\mathrm{eff}} \frac{\partial k}{\partial x_i}\right) + G_k + G_b - \rho\varepsilon$$

$$\rho \frac{\mathrm{d}\varepsilon}{\mathrm{d}t} = \frac{\partial}{\partial x_i}\left(\alpha_\varepsilon \mu_{\mathrm{eff}} \frac{\partial \varepsilon}{\partial x_i}\right) + C_{1\varepsilon} \frac{\varepsilon}{k}(G_k + C_{3\varepsilon}G_b) - C_{2\varepsilon}\rho \frac{\varepsilon^2}{k} - R$$

RNG k-ε 模型中方程形式与标准 k-ε 模型非常相似. 上述方程中有效粘性系数 μ_{eff} 由重整化群理论导出,右端各项表达式如下:

$$G_k = \mu_t S^2$$

$$G_b = -g_i \frac{\mu_t}{\rho \mathrm{Pr}_t} \frac{\partial \rho}{\partial x_i}$$

$$R = \frac{C_\mu \rho \eta^3 (1 - \eta/\eta_0)}{1 + \beta\eta^3} \frac{\varepsilon^2}{k}$$

式中:

$$\eta = Sk/\varepsilon$$

$$S = \sqrt{2S_{ij}S_{ij}}$$

$$S_{ij} = \frac{1}{2}\left(\frac{\partial u_i}{\partial x_j} + \frac{\partial u_j}{\partial x_i}\right)$$

相对标准 k-ε 模型,RNG k-ε 模型的改进主要表现为:在 ε 模型中增加了一个附加项,大大提高了对快速应变流动的模拟精度;RNG 模型中包含了旋转对湍流的作用,改进了对旋转流动的预报精度;重整化群理论中湍流 Prandtl 数是由公式表达,而标准 k-ε 模型中则是指定的常数;标准 k-ε 模型适用于高 Reynolds 数的流动,而重整化群理论中由分析得到有效粘性系数的微分表达式,可更好地模拟低 Reynolds 数流动.因此 RNG k-ε 模型比标准 k-ε 模型的模拟精度更高、适用范围更广泛.

4.3.2 初始条件

本文大涡模拟为三维非定常计算,对网格尺寸、时间步长的限制导致计算非常耗时,而且大涡模拟求解的是瞬时变量值,初始条件的设置对计算结果有很大影响.为节约计算时间并得到较好的收敛结果,本文数值模拟时首先采用上述 RNG k-ε 模型对无射流时的环境横流流场进行计算,计算得到收敛的三维速度场、湍流场作为大涡模拟时计算区域的初始场.

4.3.3 边界条件

边界条件是影响流场中大尺度涡运动的主要因素,数值模拟中边界条件的设定对模拟结果的精确性有较大影响,本文数值模拟中的射流和环境横流进口边界条件由预计算得出.根据环境横流进口和射流进口几何条件的网格布置情况设置预计算区域形状及网格,同样采用上述 RNG k-ε 模型得到收敛的预计算结果,然后由预计算结果给出大涡模拟所需环境横流、射流进口边界的速度分布、湍流强度等边界条件,其中射流进口边界条件由充分长圆管的计算结果给出.

大涡模拟中采用速度进口边界时,流动的随机分量是在各速度分量上叠加随机扰动:

$$\bar{u}_i = <\bar{u}_i> + I\psi|\bar{u}|$$

其中 I 是脉动强度,由进口边界条件给出. ψ 是 Gauss 随机数,$\bar{\psi}=0$,

$$\sqrt{\overline{\psi'}} = 1.$$

对于底壁边界条件,在计算中可根据网格精度自动设置,如果网格精度足以求解层流底层,则壁面剪切应力由层流应力应变关系给出:

$$\frac{\overline{u}}{u_\tau} = \frac{\rho u_\tau z}{\mu}$$

如果网格过于粗糙无法求解层流底层,则假定壁面相邻单元处于边界层的对数区,采用壁面律:

$$\frac{\overline{u}}{u_\tau} = \frac{1}{\kappa} \ln E\left(\frac{\rho u_\tau z}{\mu}\right)$$

式中 $k = 0.418, E = 9.793$.

§4.4　计算区域和网格

4.4.1　计算区域

本文横流冲击射流流场整个计算区域为长方体形状,计算区域在三个方向的长度尺度分别为 l、b、h,如图 4-1 所示. 环境横流为槽流流动,射流以垂直环境横流的圆管流动进入环境横流. 射流进口直径 D、速度 u_j,环境横流速度 u_c 均与实验参数相同. 为保证进口边界条件的精确性,射流进口、环境横流进口的边界分别由预计算的管流流动和槽道流动结果得到,射流进口速度分布为充分发展的管流,环境横流进口为充分发展的槽道流.

计算中采用 Cartesian 正交坐标系,以 x 表示流向、y 表示横向(即展向)、z 表示垂向,各坐标方向的布置见图 4-1,坐标原点位于底部壁面,与圆射流进口中心点在底面上的投影重合. 速度在这三个坐标方向上的分量以 (u, v, w) 表示. 射流出口中心位于距离上游边界 $20D$ 处,距离两侧壁均 $25D$,数值模拟范围为 $100D \times 50D \times 10D$,计算区域与实验研究中的几何条件相同.

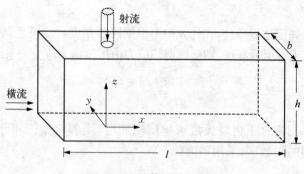

图 4‑1 计算区域示意图

4.4.2 计算网格

由于射流出口为圆形,而整个计算区域呈长方体形状,因此将整个计算区域分为多个小区域分别构建网格,以保证整体区域的网格质量.计算区域内流向、横向、垂向网格数布置分别为 $174 \times 144 \times 77$,由于数值模拟主要研究冲击射流近区内的详细流动特性,因此对射流出口及壁面附近区域进行局部网格加密.水平面内射流出口附近局部网格分布如图 4‑2 所示,图中所示范围为 $10D \times 4D$,其中圆型射流进口边界内共设置了 64 个面网格.

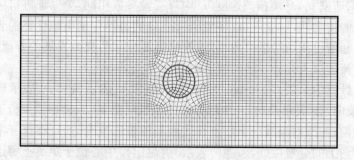

图 4‑2 射流出口附近区域的计算网格(区域大小: $10D \times 4D$)

§4.5 计算结果验证

为验证本文计算方法的正确性,将大涡模拟所得结果与 PIV 流速测量结果进行了定量比较. 本文着重研究受横流作用的冲击射流,而上游壁射流与横流相互作用形成的上游壁面涡是这种流动中的主要涡结构之一. 由以往研究结果可知,由上游壁面涡的涡心、涡分离点等特征参数可确定上游壁面涡的出现位置、涡尺度等流动特征. 图 4-3 为上游壁面涡范围内,流场对称面上的速度分布,其中图 4-3(1)为大涡模拟计算结果,图 4-3(2)为 PIV 实验测量结果. 将大涡模拟所得上游壁面涡区域内的流场矢量、涡心位置和分离点位置等与 PIV 测量结果比较可见,两者的上游壁面涡流动形态和特征参数基本一致.

实验测量结果得到的上游壁面涡的涡心位置 $x/D=-6.1$、涡分离点位置 $x/D=-8.6$. 为进一步确定计算结果的可靠性,对上游壁面涡的分离点和涡心流向位置处的速度分布与实验数据进行比较. 图 4-4 和图 4-5 分别为本文计算和 PIV 测量得到的对称面内分离点和涡心流向位置沿垂向的速度分布.

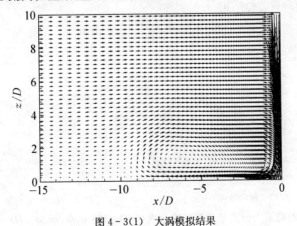

图 4-3(1) 大涡模拟结果

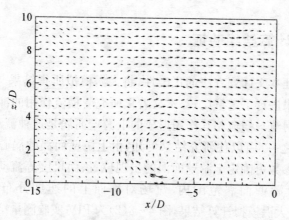

图 4-3(2)　PIV 测量结果

图 4-3　上游壁面涡范围内对称面速度分布($h/D=10$, $u_j/u_c=20$)

图 4-4 为对称面内上游壁面涡分离点位置处的垂线速度分布，其中图 4-4(1)为流向速度分量 u 分布，图 4-4(2)为垂向速度分量 w 分布. 图 4-4 可见，本文数值模拟结果所得分离点处的流向速度 u 和垂向速度 w 分布与实验测量结果较为一致. 在图 4-4(1)中速度分量 u 在近壁处 $z/D=1$ 计算结果与 PIV 测量结果有所差别，由于此值可反映壁面涡向上游的穿透距离，故数值模拟所得的壁面涡流向长度尺度略低于实验结果.

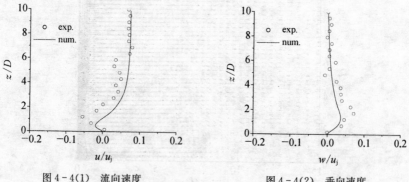

图 4-4(1)　流向速度　　　　　　图 4-4(2)　垂向速度

图 4-4　对称面内分离点位置速度分布($h/D=10$, $u_j/u_c=20$, $x/D=-8.6$)

图 4-5 为对称面内上游壁面涡涡心位置处的垂线速度分布,其中图 4-5(1) 为流向速度分量 u 分布,图 4-5(2) 为垂向速度分量 w 分布. 在图 4-5 中,大涡模拟所得涡心处流向速度分量 u 分布仅在非常靠近壁面处高于实验测量结果,说明本文大涡模拟对上游壁射流的预测结果较为合理.

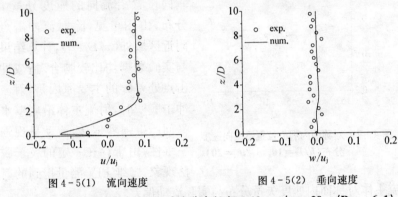

图 4-5(1)　流向速度　　　　　　图 4-5(2)　垂向速度

图 4-5　对称面内涡心位置处速度分布($h/D=10$, $u_j/u_c=20$, $x/D=-6.1$)

图 4-6 为横流冲击射流下游壁射流区流向位置 $x/D=2$ 和 $x/D=5$ 两点处沿垂向的流向速度分量 u 分布,由比较结果可见计算

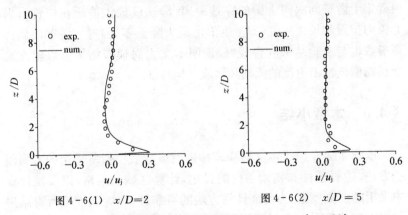

图 4-6(1)　$x/D=2$　　　　　　图 4-6(2)　$x/D=5$

图 4-6　对称面内垂线速度分布($h/D=10$, $u_j/u_c=20$)

同样仅在壁面附近略高于实验数据.

本文数值模拟所得上游壁面涡的涡心垂向位置在 $z/D=1.4$ 处，

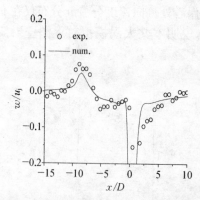

图 4-7 对称面内涡心位置沿流向速度
分布($h/D=10$, $u_j/u_c=20$)

实验测量结果给出的上游壁面涡的涡心垂向位置为 $z/D=1.9$ 处,图 4-7 为对称面内涡心所在垂向位置沿流向的速度分量 u 分布,由图可见,除射流冲击点附近区域外($x/D=0$),计算结果与实验数据均比较吻合.造成冲击点处差异的主要原因是,射流冲击底壁时,射流主体沿底壁水平面产生强烈偏转,流动呈现强三维性,由于存在一定的粒子脱落现象,二维 PIV 测量得到的射流主体对称面内速度矢量分布与实际流动偏差较大.

从上述定量比较结果可知,本文数值结果与实验数据所得的上游壁面涡流动形态以及分离点、涡心位置、下游壁射流等流向位置的速度分布趋势均基本一致. 由涡心所在垂向位置沿流向的速度分布可确定上游壁面涡向上游的穿透距离(即速度最大值所在位置)、涡心流向位置和尺度尺度(即速度值由最大降至零处)等上游壁面涡特征参数也与实验结果吻合较好. 说明本文大涡模拟结果可以较准确地预测横流冲击射流的流动和涡旋结构特征.

§4.6 本章小结

本章主要介绍了本文对横流冲击射流数值模拟所采用的大涡模拟方法,边界条件和初始条件的设定,计算区域和网格,以及预计算中采用的湍流模型. 为验证计算方法的可靠性,将大涡模拟所得结果与本文实验 PIV 测量结果进行了定量的比较和验证.

　　根据本文研究对象流场特性及以往对冲击射流数值模拟方法的研究,本文对横流中冲击射流的数值研究采用三维非定常大涡模拟方法,其中亚网格模型采用 RNG 亚网格模型.整个计算区域为长方体形状,射流进口为圆型,因此将整个计算区域分割为多个小区域分别构造网格以提高整体网格质量,并在射流出口附近区域、近壁面区域进行了局部网格加密.

　　本文数值研究采用三维非定常大涡模拟,对初始条件敏感,而且对空间、时间步长要求较高.为提高计算精度并考虑收敛性要求,初始场和进口边界条件均采用 RNG k-ε 湍流模型的预计算结果确定.

　　为验证计算结果的可靠性,本章最后将大涡模拟结果与本文实验 PIV 速度测量结果进行了定量比较.大涡模拟得到的流场结构、上游壁面涡的涡心、分离点、下游壁射流等流向位置处的速度分布和特征参数与 PIV 测量结果均吻合较好.

第五章　计算结果与分析

§5.1　概述

　　横流冲击射流近区的流动形态非常复杂,垂直射入横流的冲击射流与环境横流之间相互作用导致形成丰富的涡旋结构. 从实验结果已经观察到,本文实验工况下近区范围内的剪切涡、射流尾迹涡、上游壁面涡和 Scarf 涡都具有显著的非定常特性,且呈现出强烈的三维流动特征. 如射流出口附近剪切层内的涡旋结构会逐渐发展成控制射流主体运动的螺旋型模式;射流流体形成的上游壁面涡会在底壁附近围绕射流主体横向两侧向下游扩展,形成 Scarf 涡结构,而且在 Scarf 涡的条带结构内射流流体运动为螺旋形式的三维流动;在射流主体背流面形成的射流尾迹涡在向下游运动过程中不仅有水平面内的旋转、拉伸变形,还有在垂直平面内的扭转运动,同样表现出明显的三维流动形态. 在本文的实验研究中,LIF 流动显示和 PIV 测量都属于平面测量技术,未能详细观测到冲击射流主体附近区域发展演变的内部结构,且实验数据均为射流主体已到达水槽底壁或射流已在横流作用下充分偏转时的流动状态下测量得到的,较难捕捉到近区涡旋结构的初始形成和演化特征.

　　以往对横流冲击射流流场的数值研究还局限于采用湍流模型得到时均的流动结构[120-123],为进一步得到流动的非定常演化过程以及射流主体局部区域、近壁区域内的三维流场和涡旋结构特性,本文在实验研究基础上对横流冲击射流近区流场进行数值研究. 由三维非定常大涡模拟所得结果对射流主体附近区域内部流动结构、三维演化特征等进行分析,以便与实验结果互为补充,相辅相成.

§5.2 射流主体附近区域流动特征

5.2.1 射流主体附近区域内部结构

本文所研究的横流冲击射流近区流动不仅受环境横流作用,还存在底部固壁边界的影响. 在射流的发展过程中,射流的流动方向与横流不一致,实验研究由于平面测量技术的限制,对射流主体附近区域的流动特征还缺乏了解,因此本文首先利用大涡模拟结果对射流主体附近区域的流动结构进行分析.

在射流进入环境横流但还未受底壁边界影响区域,射流与横流速度大小和方向的差异导致射流与横流交界区域形成剪切层,射流流体与环境流体之间的动量交换导致周围环境流体与射流流体发生卷吸和混掺,在卷吸和混掺过程中射流横断面不断扩展. 同时,横流受到射流的阻碍作用形成绕流,但与绕刚体圆柱流动的不同之处在于射流边界会受横流的剪切作用而发生变化.

在进入环境横流初期,射流流动形态主要是受到横流的影响. 图 5-1 所示为 $h/D=10, u_j/u_c=20, z/D=8$ 条件下,水平面内射流主体横断面附近区域内流动结构随时间的演化,其中垂向坐标 z 为该水平面与水槽底部壁面的距离. 由于图中所取水平面距底壁较远,因此在此水平面内的流动可以认为基本不受固壁边界的影响,流动形态主要表现为在横流绕流作用下射流主体横断面附近区域出现的涡结构,在不同流动参数条件下此局部流动结构会对射流主体随时间、空间的发展起重要作用.

由图 5-1 可见,当射流进入环境横流后,环境横流受射流主体的阻碍形成绕流,横流与射流也会在横向边界区域产生剪切作用,使得射流主体横向边界附近流线在横流作用下开始弯曲、卷起,之后在射流主体背流面的横向两侧偏下游处形成一对反向旋转的涡结构. 由于射流出口形状及流动的对称性,两涡旋结构以成对形式出现,初始时期涡的尺度相当、旋转方向相反,且两涡旋关于射流对称面基本呈对称分布.在射流发展过程中,这一涡旋对的形成及其旋转运动对射流主体横断面的扩展以及对环境流体的卷吸作用都起重要作用.

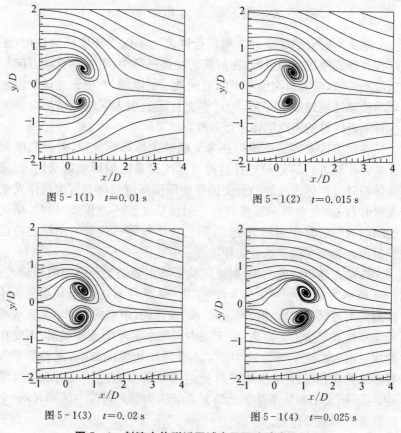

图 5-1(1) $t=0.01$ s   图 5-1(2) $t=0.015$ s

图 5-1(3) $t=0.02$ s   图 5-1(4) $t=0.025$ s

图 5-1 射流主体附近区域水平面流动发展过程
$$(h/D=10, u_j/u_c=20, z/D=8)$$

由初期流线发生弯曲至涡旋对的形成,两涡旋基本关于射流对称面呈对称分布,如图 5-1(1)所示.在射流随时间的进一步发展过程中,射流主体横断面附近区域的这一涡旋对逐渐呈现出非定常特性,如图 5-1 中(2)至(4)所示,两涡旋大小出现交替变化,但两涡旋间的间隙基本保持不变.这一非定常变化特性不仅会影响射流主体对环境横流的卷吸,而且其诱导的涡量场及其涡间相互作用会使得在射流主体背流面出现脱落的射流尾迹涡,在本文实验所得水平面流动显示图像中也观察到射流尾迹涡的脱落和横向摆动现象,射流尾迹涡系的形成机理与射流主体背流面这一涡旋对之间拟周期性的相互作用密切相关,本文将在后文进行详细说明.

随着射流向底壁的发展,水平面内射流主体背流面旋涡对的空间形态会也不断变化.图 5-2 所示为在距底壁不同高度水平面内射流主体附近区域的流动形态.由图 5-2 可见,随射流向水槽底壁发展过程中射流主体的扩展,此涡旋对在尺度上有明显增长,而且随着与底壁距离的减小,涡旋对的不对称性越来越明显.在与底壁垂向距离 $z/D>3$ 的范围内射流主体附近区域内仍保持这一涡旋对的形态,如图 5-2(1)至(6)所示.

射流主体背流面的涡旋对在形成初期即存在一定间隔,随时间发展演化过程中会产生相互作用.另一方面,由实验测量结果可知,由于射流冲击效应强烈,向下游发展过程中射流主体受环境横流作用相对较弱,仅向下游有轻微偏移,射流主体附近区域内的流动结构在向壁面发展过程中,受底壁影响逐渐增大.

在距壁面较近区域内($z/D=2$),横流剪切力不再足以使射流主体涡旋结构继续保持成对形式,涡旋特征逐渐消失,底壁限制所导致的射流冲击效应成为控制流动的主导因素,流线沿横向逐渐偏转,如图 5-2(7)所示.在近壁区域($z/D=1$),如图 5-2(8)所示,壁面的限制作用使得射流主体对壁面形成较强的冲击,然后形成底层壁射流向各方向扩散,流线所示为底层壁射流在水平面内向各方向的扩展情况,由图可见射流在横向的扩展范围基本关于中心线对称.但环境横流的限制作用使得向上游方向发展的流线局限于一定距离内,此范围为射流主体的影响范围(即 Scarf 涡向上游的扩展范围).

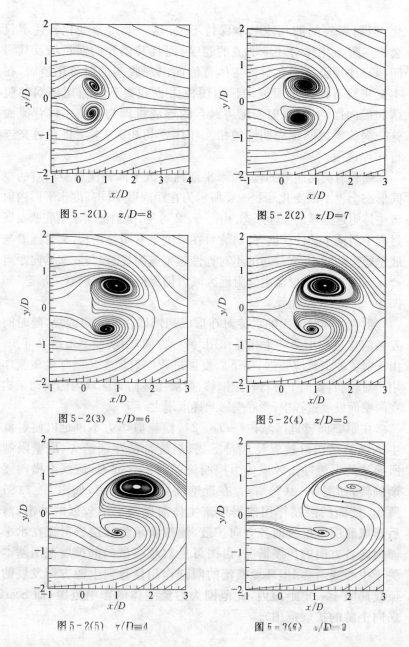

图 5 - 2(1) $z/D=8$

图 5 - 2(2) $z/D=7$

图 5 - 2(3) $z/D=6$

图 5 - 2(4) $z/D=5$

图 5 - 2(5) $z/D=4$

图 5 - 2(6) $z/D=3$

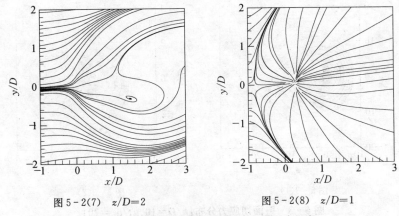

图 5-2(7)　$z/D=2$　　　　　　图 5-2(8)　$z/D=1$

图 5-2　射流主体附近区域水平面流动形态
($h/D=10,u_j/u_c=20,t=0.02\ \mathrm{s}$)

5.2.2　射流主体对底壁的冲击效应

对本文所研究的环境水深和流速比范围内,环境横流的拖曳作用不足以使射流完全偏转达到一般横射流研究中的顺流贯穿段.由于环境水深小于射流穿透深度,射流主体在初始动量驱动下会到达底壁,在滞止点附近区域对底壁产生不同程度的冲击效应,随后在固壁的限制流动将转为沿壁面切线方向发展的壁射流流动.在这一发展过程中射流主体对底壁的影响是许多实际工程中所关心的.

图 5-3、图 5-4 和图 5-5 为不同流动参数条件下的壁面切应力分布,此特征量可表征横流冲击射流主体对底壁的冲击效应范围和程度,这对实际工程问题如河道中冲击射流对河床底部的冲刷、表面去除工艺中冲击效应的作用范围与效率等都有参考价值.为比较不同流动参数下射流冲击效应的影响范围,在各图中(1)采用相同的尺度范围,并将各图(1)中射流冲击点附近局部区域详细信息表示于图(2)中以得到冲击点附近的壁面切应力分布.

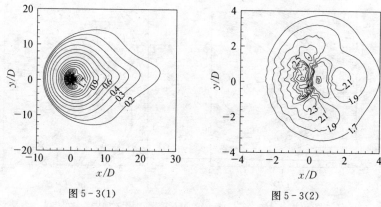

图 5-3(1)   图 5-3(2)

图 5-3   壁面切应力分布($h/D=10, u_j/u_c=20$)

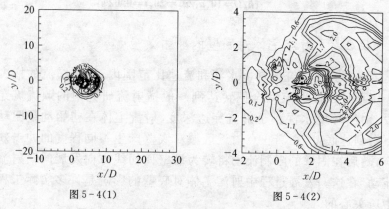

图 5-4(1)   图 5-4(2)

图 5-4   壁面切应力分布($h/D=10, u_j/u_c=8$)

在 $u_j/u_c=20$ 和 $u_j/u_c=8$ 两种流速比条件下,冲击区内壁面切应力值由冲击点向周围逐渐减小,其等值线分布范围近似呈沿流向拉伸的圆形. 对冲击效应较强的流动状态($u_j/u_c=20$),切应力在冲击点上游的值大于下游,即在上游壁射流初始形成区对壁面作用较强,应力较大值对应的等值线分布犹如花瓣形状,如图 5-3(2)所示,这是由上游壁射流形成的螺旋结构所导致;而对流速比相对较小情形

($u_j/u_c=8$),即横流作用相对较强时,切应力较大值主要集中于冲击点下游相对狭窄区域,即此流动条件下冲击效应影响主要在射流主体后缘的下游壁射流范围,如图 5-4(2)所示.

中等流速比时($u_j/u_c=12$)的切应力分布则比较特别,如图 5-5 所示,切应力值由射流冲击点向四周并没有较规则衰减,而是大小不同的等值线交替分布. 此流动参数下存在冲击射流和横流强烈的相互作用,射流主体在发展过程中卷吸环境流体并发生较为充分的混合. 由对应的流动显示图像可见,在冲击效应最强时,上游壁面涡所形成的大尺度结构与射流主体之间始终存在间隙,故冲击区域主要为射流流体在滞止点附近区域产生较大的壁面切应力. 对横流作用相对较强时,射流主体在横流作用下出现偏转,上游涡结构与射流主体间也存在间隙,壁面上的作用力主要由射流主体对底壁的冲击以及上游壁面涡的运动导致,在图 5-4 中可明显观测到这两个主要作用区域. 对于中等流速比情况,射流对底壁的冲击效应及与环境流体的相互作用的耦合影响较其他两种流动参数更为强烈,射流主体与上游涡结构间的间隙出现并非一直保持,因此在冲击区附近的射流与横流相互作用较强,切应力分布没有规则的衰减特征.

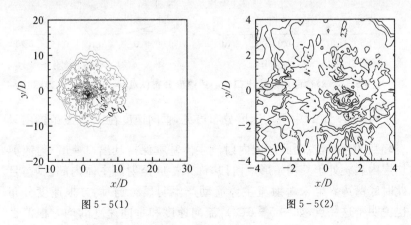

图 5-5(1)　　　　　　　　　　　　图 5-5(2)

图 5-5　壁面切应力分布($h/D=10$,$u_j/u_c=12$)

5.2.3 射流出口中心线速度分布

图 5-6 至图 5-8 为不同流动参数条件下,射流出口位置中心线(即 $\frac{x}{D} = 0, \frac{y}{D} = 0$)上的平均速度和 RMS(均方根,Root Mean Square)速度分布,由图可见射流出口中心线的速度分布依赖于射流主体的流动形态,其中图 5-6 为所研究流动参数中横流影响相对较弱而冲击效应最强情形($h/D = 10, u_j/u_c = 20$),由于受横流影响较小,相应射流主体的偏转较小,垂向平均速度 w_{mean} 分布曲线类似于无横流影响下冲击射流的速度分布[159]. 随着横流影响的加强(相应流速比减小),射流主体的偏转程度增加,其速度分布曲线出现较为明显的变化.

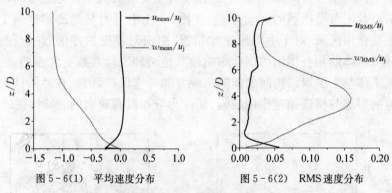

图 5-6(1) 平均速度分布   图 5-6(2) RMS 速度分布

图 5-6 对称面内射流出口中心线速度分布($h/D = 10, u_j/u_c = 20$)

由图 5-6(1)中平均速度分布可见,垂向速度在 $\frac{z}{D} > 6$ 范围内只有轻微的衰减,说明此区域内射流主体基本保持其出口速度,射流剪切层内涡旋处于其初始形成阶段,尚未扩展至射流主体内部区域,且此时底壁边界也未对射流主体流动产生明显影响. 均方根速度分布也说明了这一点,如图 5-6(2),流向速度和垂向速度的均方根值在此区域内也基本保持不变. 此区域一般称为射流核心区(Core zone),

在图5-7(1)和图5-8(1)的平均垂向速度分布也可见到类似现象，只是随着环境横流的增强，射流核心区的垂向范围会有所减小，从图5-8(1)的平均速度分布可见，其射流核心区的长度约为3D.

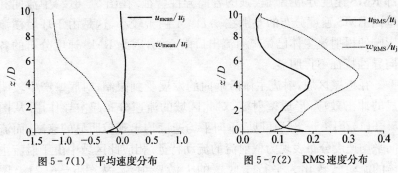

图5-7(1)　平均速度分布　　　　　图5-7(2)　RMS速度分布

图5-7　对称面内射流出口中心线速度分布($h/D=10, u_j/u_c=12$)

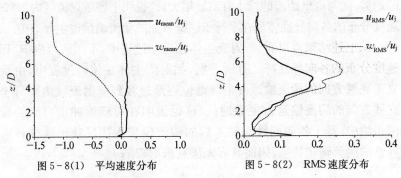

图5-8(1)　平均速度分布　　　　　图5-8(2)　RMS速度分布

图5-8　对称面内射流出口中心线速度分布($h/D=10, u_j/u_c=8$)

随射流主体向底壁的发展，射流剪切层内涡旋的发展卷吸周围环境流体，与环境流体的动量交换导致射流主体的动量出现衰减，从图5-6(1)至图5-8(1)中可看到射流出口中心线的平均垂向速度随与底壁距离的减小出现较明显的衰减. 在这一区域底壁边界的影响逐渐增强，由于三种流速比条件下均存在较明显的冲击效应，在射流主体的发展过程中，从图5-6(2)至图5-8(2)可见，垂向RMS速度分布均存在一明显的峰值,而图 5-6(2)和图 5-7(2)中垂向 RMS 速度明显大于流向 RMS 速度,说明在这一区域由于射流主体剪切涡的发展产生较强的垂直于底壁方向的湍流输运,从而引起射流主体内部 RMS 速度分布出现较强的各向异性特征. 在图 5-8(2)中流向和垂向 RMS 速度分布的差别在 $z/D<4$ 趋于较小,这是由于环境横流影响使得射流主体已偏离射流出口中心线,因此 RMS 速度分布的各向异性特征不再明显.

在近壁区域,射流主体沿垂向的发展受到限制,对底壁产生较明显的冲击效应,形成壁射流,对此区域的流速分布起主导作用. 从图 5-6(1)至图 5-8(1)可见,垂向平均速度均出现较明显的衰减,而流向平均速度分布表现为壁射流的流动特征. 相应此区域中由于射流主体的流动已转化为平行于底壁的上游壁射流,从图 5-6(2)至图 5-8(2)可见,垂向 RMS 速度趋于衰减,而流向 RMS 速度呈现出相反的趋势,随与底壁距离的减小有明显增大,这说明上游壁射流区内 RMS 速度分布的各向异性体现在平行于底壁方面的湍流输运占主导地位.

从上述结果可以看到,射流主体在运动过程中,不同区域内 RMS 速度分布的各向异性特征有所差别,如射流主体在偏转过程中,由垂直于底壁方向的湍流输运占主导地位逐渐过渡到壁射流区内平行于底壁方向的湍流输运占主导地位,这也说明在对横流冲击射流的数值预测中,基于各向同性涡粘系数的湍流模型无法反映出这种各向异性的湍流输运特征,因而具有无法克服的缺陷.

§5.3 射流主体初始演化特征

射流垂直射入横流环境中的初始演化特征对射流主体的发展以及涡旋结构的形成都起重要作用,而在实验研究中由于这一过程的短暂很难细致地观测到. 本文利用大涡模拟结果给出了射流主体进入环境横流时的初始演化特征,射流对称面上涡量分布随时间的演变可以表征射流主体进入环境横流后随空间和时间发展的瞬时演变过程,以分析射流与环境横流相互作用过程中初始涡量场的形成及演化机制.图5-9、图5-10为横流水深$h/D=10$,两种流速比条件下$(u_j/u_c=8,12)$,对称面内瞬时涡量$\tilde{\omega}_y$的等值线分布,图中虚线表示涡量为负值.从图中可清晰地观察到射流进入横流的初始阶段,受横流影响剪切涡的形成、发展、与底壁接触过程的瞬时特征.

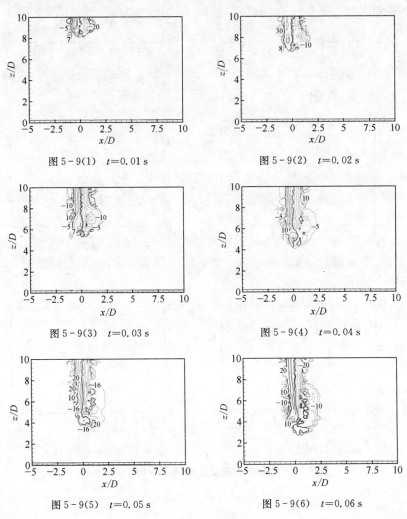

图5-9(1) $t=0.01$ s   图5-9(2) $t=0.02$ s

图5-9(3) $t=0.03$ s   图5-9(4) $t=0.04$ s

图5-9(5) $t=0.05$ s   图5-9(6) $t=0.06$ s

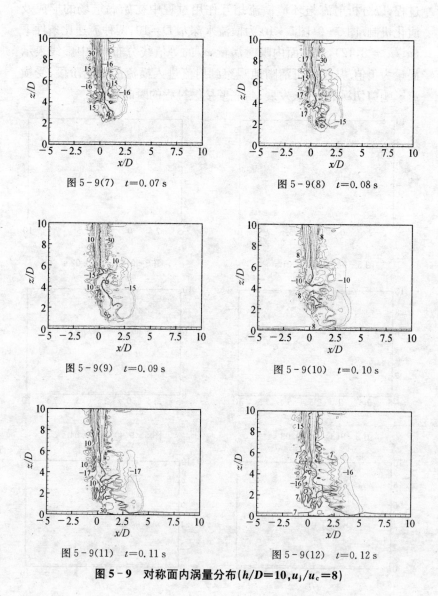

图 5-9(7)　$t=0.07$ s

图 5-9(8)　$t=0.08$ s

图 5-9(9)　$t=0.09$ s

图 5-9(10)　$t=0.10$ s

图 5-9(11)　$t=0.11$ s

图 5-9(12)　$t=0.12$ s

图 5-9　对称面内涡量分布($h/D=10,u_j/u_c=8$)

从图 5 - 9 和图 5 - 10 可见,射流进入环境横流后,由于射流出口速度与横流速度存在大小和方向上的差异,射流与横流间形成速度不连续造成的剪切层,初始形成的剪切层为较规则的围绕射流主体的涡环结构. 随射流主体向底壁的发展,射流主体迎流面和背流面的

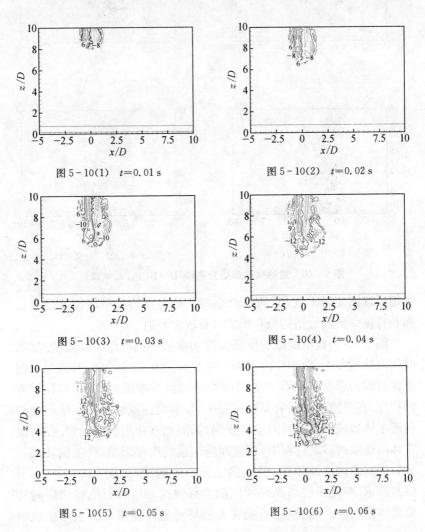

图 5 - 10(1) $t=0.01$ s   图 5 - 10(2) $t=0.02$ s

图 5 - 10(3) $t=0.03$ s   图 5 - 10(4) $t=0.04$ s

图 5 - 10(5) $t=0.05$ s   图 5 - 10(6) $t=0.06$ s

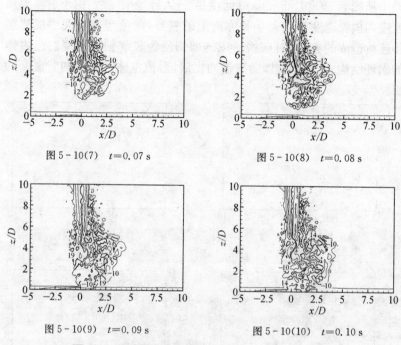

图 5-10(7) $t=0.07$ s   图 5-10(8) $t=0.08$ s

图 5-10(9) $t=0.09$ s   图 5-10(10) $t=0.10$ s

图 5-10 对称面内涡量分布($h/D=10, u_j/u_c=12$)

剪切层逐渐变得不规则,涡环的垂向和流向拉伸变形使得射流迎流面和背流面的涡旋结构分布形式具有较大差别.

图 5-9 为数值模拟中所研究流动参数中横流作用较强情况.随时间演化过程中,剪切层内不断产生旋转方向相反的涡,射流出口附近区域内的迎流面和背流面形成的剪切涡基本成对出现,其旋转方向相反.在射流剪切层的发展过程中,在射流迎流面前缘很快形成沿射流主体边缘交替排列的小尺度涡,涡间相互作用相对较强.在射流主体向底壁的运动过程中,迎流面剪切层受横流影响,产生偏转而受到较强的垂向拉伸作用,剪切涡之间出现间隙,如图 5-9 中(6)至(12)所示.迎流面剪切涡间的间隙会导致这一区域射流剪切层对环境流体存在较强的卷吸,卷吸进入的环境流体使得射流主体出现明

显的间隙,在本文流动显示实验中也观察到这样的现象.数值结果表明这一现象在射流进入横流的初始演化过程中就会形成.

而背流面剪切层中小尺度涡的发展则相对要滞后一些,且涡的排列也不如迎流面规则.受横流绕流影响,背流面剪切层的流向分布范围要大于迎流面.在射流进入横流并发展至底部壁面过程中,迎流面剪切涡的流向范围(即 x 方向)小于背流面剪切涡所占据范围,但涡旋强度略高于背流面.在射流到达底壁后,射流迎流面剪切层涡所占据的流向范围大约为背流面范围的二分之一.

在横流作用及涡间相互作用下,射流主体剪切层区域相邻的涡出现相对位置变化,在随射流主体向底壁拉伸、垂向发展的同时,剪切层涡沿横向逐渐发展至射流主体内,并占据整个射流主体断面.涡的运动过程中自身也产生诱导速度,导致相邻涡的变形以及相对位置的变化.同时由诱导速度导致的涡运动变形过程中伴随着剪切层中射流主体对环境流体的卷吸掺混,环境流体在剪切层内出现带状分布.

随着流速比的增加,如图 5-10 中所示流动参数,冲击效应相应增强.除射流出口附近区域外,在射流向底壁发展过程中,射流迎流面虽然也有交替分布的小尺度涡,但相对图 5-9 情形,涡的排列较不规则.在随时间演变过程中,射流背流面和迎流面剪切层的流向范围基本相当.冲击效应增强时,射流主体运动至接近底壁区域,由于存在较大的压力梯度,在射流剪切层中不再出现大尺度的涡,其前缘已破碎为较小尺度均匀分布的涡.在此过程中射流主体与环境横流的相互作用较强,对横流流体的卷吸和混掺较为充分.

§5.4 射流主体背流面涡旋演化特征及射流尾迹涡的形成机理

由实验流动显示可知,冲击射流与横流的相互作用会导致在射流主体背流面形成脱落的尾迹涡结构,在流速比为 12 和 20 情形,从

流动显示图像中观察到的是由射流流体形成的尾迹涡结构. 从 LIF
流动显示结果对射流主体附近区域的详细流动结构缺乏了解, 因此
对射流尾迹涡的形成机理还未得到明确认识. 在 5.2.1 节已经对射流
主体背流面所形成涡旋对的非定常特性进行了初步分析, 本文利用
大涡模拟进一步分析射流主体背流面这一涡旋对的初始形成、非定
常演化过程及其对射流尾迹涡系的影响.

5.4.1 射流主体背流面涡旋演化特征

图 5-11 所示为环境水深 $\dfrac{h}{D} = 10$, 流速比 $\dfrac{u_\mathrm{j}}{u_\mathrm{c}} = 12$ 条件下, 射流
主体附近区域水平面内 ($z/D = 8$) 的流动随时间的发展演化过程. 由
于此水平面距离底壁较远, 射流主体背流面的流动结构主要受到环
境横流的作用. 由图 5-11(1) 可见, 射流主体与横流边界区域, 流线
在其剪切作用下发生弯曲, 一对旋转方向相反的涡开始形成. 在流动
随时间发展过程中, 涡旋对呈现出非定常变化特征, 如图 5-11 中(2)
至(6)所示, 在演化过程中涡旋对尺度开始增加, 但其尺度变化并不
完全同步, 而且两涡旋的接触程度会发生变化, 其边缘由初始形成时
的紧邻状态变为出现一定距离的间隙, 当涡旋对的尺度增加至基本

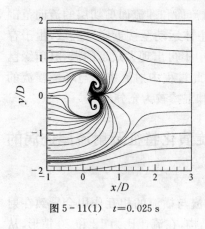

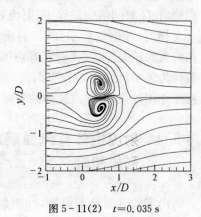

图 5-11(1) $t = 0.025$ s   图 5-11(2) $t = 0.035$ s

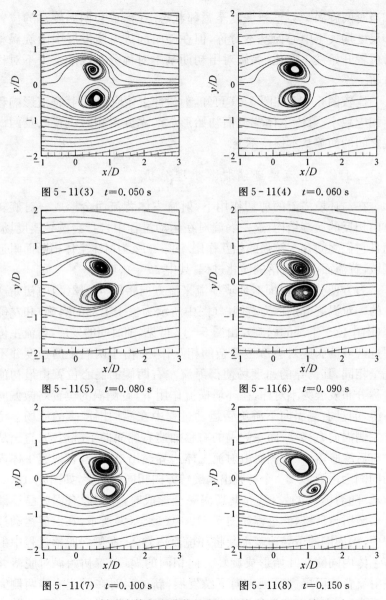

图 5 - 11(3)　$t=0.050\ s$　　　　图 5 - 11(4)　$t=0.060\ s$

图 5 - 11(5)　$t=0.080\ s$　　　　图 5 - 11(6)　$t=0.090\ s$

图 5 - 11(7)　$t=0.100\ s$　　　　图 5 - 11(8)　$t=0.150\ s$

图 5 - 11　射流主体断面演化 ($h/D=10, u_j/u_c=12, z/D=8$)

相当时两旋涡又会重新恢复至紧邻状态. 在形成初期涡旋对的位置和尺度均关于中心面基本对称,但在随时间进一步发展中两旋涡相对位置开始发生变化,涡旋对由初期基本对称分布逐渐变为不对称分布.

比较图 5-11 和图 5-1 可知,射流冲击效应增强时,横流影响程度相应减小,射流主体背流面初始形成的涡旋对相对位置以及两涡旋之间的间隙基本保持不变.

5.4.2　射流尾迹涡脱落机理分析

在与环境横流的剪切作用下,射流主体背流面会形成一对旋转方向相反的涡旋结构,这一涡旋对在运动过程中自身会诱导速度场,而且它们之间存在较强的相互作用. 图 5-12 为射流主体横断面附近区域,背流面涡旋脱落的演化过程,其中 $\Delta t = 0.01$ s.

为方便分析,以面对环境横流来流方向将图 5-12(1)中初始产生的一对涡旋分别称为右侧涡(图中所示为位于上部的涡旋)和左侧涡(图中位于下部的涡旋). 由图 5-12 可见,随时间的发展,射流主体附近区域两涡旋对会产生复杂的相互作用. 由于两涡旋的强度并不完全相同,其诱导的速度场使得射流左右两侧的涡心位置由最初的对称分布发展为不对称,在环境横流作用下,右侧涡的位置略微偏向下游,而且右侧涡向下游旋转运动过程中在涡周围产生的流场会诱导左侧涡向右移动,而左侧涡的右移加速右侧涡向下游运动,直至从射流后缘脱落. 在右侧涡由射流主体边界逸出过程中,在射流主体内的同侧会逐渐形成一个与脱出涡旋转方向相同的涡旋,如图 5-12(4)所示. 随着流动的发展,在此新涡完全形成时,左侧原有涡旋已逐渐运动至射流后缘,此过程如图 5-12 中(1)至(6)所示,在涡旋运动过程中,涡周围的诱导速度不断将环境流体卷入. 左侧涡脱落过程中射流主体内同侧亦开始形成旋转方向相同的涡. 随着初始涡对脱落并在射流背流面尾迹区域内向下游发展,新的涡对在射流主体两侧完全形成,一个拟周期性的涡旋脱落过程基本完成.

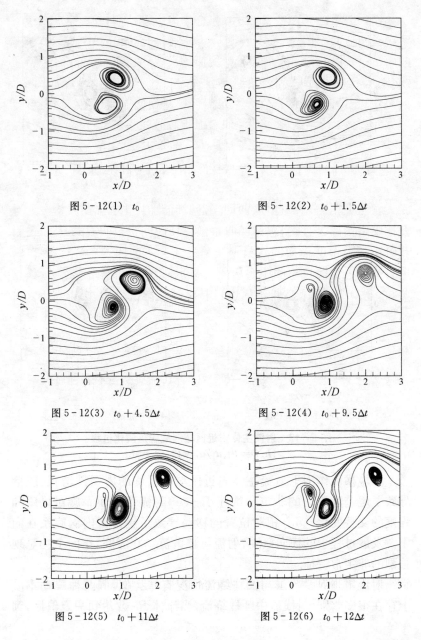

图 5 - 12(1)　t_0　　　　　　　图 5 - 12(2)　$t_0 + 1.5\Delta t$

图 5 - 12(3)　$t_0 + 4.5\Delta t$　　　　图 5 - 12(4)　$t_0 + 9.5\Delta t$

图 5 - 12(5)　$t_0 + 11\Delta t$　　　　图 5 - 12(6)　$t_0 + 12\Delta t$

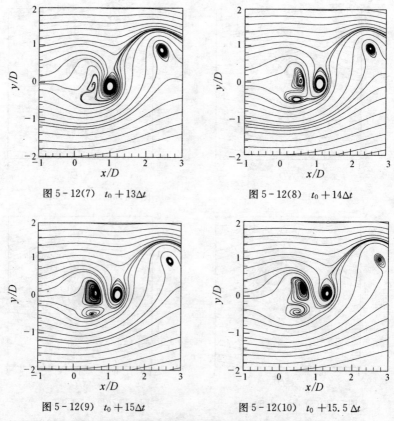

图 5 - 12(7)　$t_0 + 13\Delta t$　　　　图 5 - 12(8)　$t_0 + 14\Delta t$

图 5 - 12(9)　$t_0 + 15\Delta t$　　　　图 5 - 12(10)　$t_0 + 15.5\,\Delta t$

图 5 - 12　射流主体附近区域涡旋脱落演化过程
$$(h/D=10, u_j/u_c=12, z/D=8)$$

　　环境横流作用下射流主体附近区域内涡旋的周期性增长、脱落
导致了尾迹区流动的非定常特性,而尾迹射流背流面涡旋对尺度和
强度的交替变化、涡心相对位置的移动导致了尾迹区内涡旋系在向
下游发展过程中的横向摆动,射流尾迹区流动在时间、空间上均呈现
强烈的非定常特征.

　　射流尾迹涡脱落虽与圆柱绕流情况有些类似,但两种流动本质
上存在很多差别.对横流中圆柱绕流,当流体 Re 数达到一定值后,圆

柱后产生的分离涡不再保持对称性,流动失去平衡.其中一侧的涡旋拉伸、后移、脱落,并为物体边缘产生的新涡代替,另一侧的涡也产生类似情形,从而导致卡门涡街的产生[160].射流主体后缘尾迹涡的脱落过程与绕刚体圆柱流动产生的卡门涡街流动状态有些相似.但圆柱绕流的初始涡产生于刚体圆柱横向侧面,相对圆柱尺寸很小,受到拉伸后的涡尺度在流向迅速增大,脱落的涡在尺度上大于圆柱尺寸.而环境横流作用下的射流初始产生的旋转方向相反的涡对与射流主体尺度相当,产生位置基本位于射流背流面.而且射流边界不同于刚体圆柱,射流边界处产生的涡旋对部分是处于射流主体之内,表明在环境横流剪切作用下射流界面中形成的涡旋在运动过程中进入射流主体并与之混合,之后才由射流主体后缘脱落并向下游发展.在射流主体附近区域,脱落的涡旋在尺度上没有明显增长.

§5.5　三维流动与涡旋结构特征

5.5.1　射流出口剪切层

在本文流动显示实验中,对射流出口附近区域的剪切层进行了观测,根据对称面内剪切涡分布形态,分析了不同流速比条件下射流出口附近区域剪切涡的三种分布类型,即对称型、交替型和螺旋型.由于螺旋型涡环是典型的三维结构,它的形成和演化从对称面流动显示图像中难以得到清楚地认识,因此本文利用大涡模拟结果进行分析和验证.

图 5-13 所示为从流向观测射流出口附近区域剪切层结构,流体迹线由射流圆形出口边界开始,由此可表示射流出口剪切层中流动发展形态.对流速比为 20 的流动,横流影响相对较小,射流出口附近流动相对稳定,如图 5-13(1)所示,基本为轴对称形式.随着流速比的减小,横流影响增强,在射流出口处的剪切层中即已开始出现围绕射流主体的结构,随着向下游的进一步发展,螺旋型结构开始形成,由图 5-13(2)已可看到剪切层中形成的螺旋型结构.螺旋型结构的形成是由于射流与横流的相互作用,因此当横流影响进一步加强,如

图 5－13(3)所示,可清晰地看到射流出口附近区域环绕射流主体的
螺旋型结构已完全形成.

　图 5－13(1)　$u_j/u_c=20$　　　图 5－13(2)　$u_j/u_c=12$　　　图 5－13(3)　$u_j/u_c=8$

图 5－13　射流出口剪切层流动状态($h/D=10$)

　　在射流出口附近剪切层中形成的螺旋型涡结构,随射流主体向
下游发展将会逐渐扩展、变形,形成射流近区范围内丰富的涡旋结
构,在横流冲击射流中,由于受到冲击效应的影响,这些涡结构将不
再保持其相对规则的排列,大尺度的涡将破碎为尺度更小的涡,小尺
度的涡随冲击射流与环境横流的相互作用,向下游发展过程中会演
化成其他类型的涡旋结构.

5.5.2　三维涡旋结构

　　冲击射流与横流的相互作用对射流近区的流动结构起主导作
用,由此形成的涡旋结构与环境流体的卷吸又是许多工程问题中非
常关注的问题.由于这些涡旋结构具有强烈的三维流动特征,其形成
机理和演化特征在本文实验中还难以得到完全的认识,利用大涡模
拟结果可以较为方便地刻画出这些涡旋结构的三维特征及其与环境
流体间的卷吸、掺混等相互作用机制.

　　流动显示和 PIV 测量结果表明,射流到达底壁形成壁射流的流
动形态后,底层壁射流与环境横流的相互作用将在壁面附近形成环
绕射流主体往下游发展的 Scarf 涡. Scarf 涡结构具有高度的三维性,

对近区射流的影响范围以及与环境横流的相互作用都起重要作用，而在本文的实验工况中，横流水深 $h/D=10$、流速比 $u_j/u_c=20$ 对应于冲击效应最强烈的情形，因此本文将着重对这一工况下的三维涡旋结构特征进行分析.

图 5-14 为横流水深 $h/D=10$、流速比 $u_j/u_c=20$ 条件下（下同）本文大涡模拟得到的横流冲击射流近区范围内的流动形态，图中流动轨迹线的初始位置为射流圆形出口边界以表征射流流体的运动形态，黑色部分为底部固体壁面位置，流动方向（流向 x，横向 y，垂向 z）如图中坐标系所示，本节中各三维流动状态图中除特别注明外，流动方向均与此图一致.

图 5-14 横流冲击射流近区流动形态($h/D=10$, $u_j/u_c=20$)

由图 5-14 可见，本文大涡模拟结果很好地再现了横流冲击射流近区的流动形态，即射流冲击底壁后，在横流作用下形成 Scarf 涡结构. 图中可清晰地看到围绕射流主体两侧以螺旋型向下游运动扩展的 Scarf 涡结构的三维特征. 由本文大涡模拟得到的射流流体形成的 Scarf 涡结构的总体形态与以往学者对横流冲击射流研究中分析得到的 Scarf 涡结构一致（见图 3-1）. 本文计算得到的 Scarf 涡结构在射流主体两侧的螺旋型运动形态在横向、垂向尺度上基本一致，但与以往研究结果不同的是，其两侧螺旋型条带结构的形状及其发展却并非关于射流对称面完全对称.

为研究三维 Scarf 涡结构与环境流体之间的相互作用，首先对位于底壁中心线附近的流动发展进行分析,如图 5 - 15 所示,其中底壁上的直线为中心线位置. 流体轨迹线起始位置为中心线上的射流主体上游 $\left(-20 \leqslant \dfrac{x}{D} \leqslant -1\right)$ 位置,即所表示的是位于中心线上的横流来流运动发展. 由图 5 - 15 可见,上游横流来流在射流冲击区前部区域受上游壁面涡影响,底部横流向横向两侧扩展,在中心线两侧出现不同的运动特征. 一侧横流受上游壁面涡阻碍形成绕流后仍贴近底部壁面向下游发展,而另一侧则被底层壁射流形成的螺旋状 Scarf 涡卷吸,并"缠绕"在 Scarf 涡条带结构上往下游发展. 由计算结果可知,横流流体在跟随 Scarf 涡以螺旋形式向下游发展过程中,横流流体一直附着在 Scarf 涡结构的螺旋型表面,而非与其完全混掺. 这也说明射流流体形成的 Scarf 涡结构在近区运动扩展过程中,与环境流体发生卷吸但并非立即与环境流体发生较充分地掺混,相应 Scarf 涡结构能维持至下游较远距离.

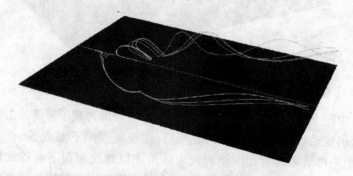

图 5 - 15　近壁面流动形态($h/D = 10, u_\mathrm{j}/u_\mathrm{c} = 20$)

图 5 - 16 则是由底壁中心线上 $\left(-20 \leqslant \dfrac{x}{D} \leqslant 40\right)$ 作为起始位置中心线上流体的运动形态. 由图 5 - 16 可见,形成绕流一侧的横流流体在顺流发展至射流主体下游一定距离后,流动向中心线位置发生偏转,转至射流背流面的尾迹涡区域内,而另一侧的螺旋结构则一直顺流发展且螺旋形态会保持至下游较远距离.

图 5-16 近壁面流动形态($h/D=10$,$u_j/u_c=20$)

图 5-17 为近壁区域环境横流受近区涡旋结构影响的流动形态,流动起始位置为 $\dfrac{x}{D}=-20$,即位于射流主体上游,其中图 5-17(1)为俯视图.

由图 5-17 可见,近壁区域流线基本平行的横流流体受到冲击射流形成的底层壁射流的阻滞并与其产生相互作用,边界处的横流流体受到 Scarf 涡的卷吸,随其往下游发展过程中两侧的流动形态并不完全相同,这说明 Scarf 涡结构在其形成和发展过程中,其两侧的螺旋型条带结构具有一定的非对称性,这在以往的研究中还未见报道.而近壁区域外侧横流流体向横向两侧区域偏转,随流动继续向下游的发展,靠近 Scarf 涡结构的横流流体流线发生弯转,被卷吸跟随 Scarf 涡结构形成螺旋流态.而离 Scarf 涡结构距离稍远的横流流体

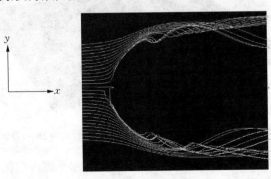

图 5-17(1) 俯视图

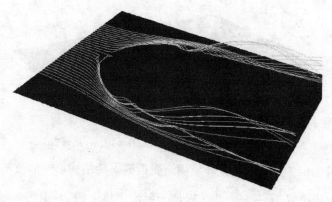

图 5 - 17(2)

图 5 - 17　近壁区环境横流流动形态($h/D=10,u_\mathrm{j}/u_\mathrm{c}=20$)

则仅在螺旋条带结构影响下流线出现轻微抬升,基本上始终处于壁面附近往下游运动.

随着与底壁距离的增加,横流与射流相互作用过程中的流动形态发生变化,图 5 - 18～图 5 - 20 分别为与底壁距离 $z/D=2、5、9$ 的水平面内的横流流动形态,图中所示仅为受冲击射流影响流动发生弯转的横流流体的运动形态.

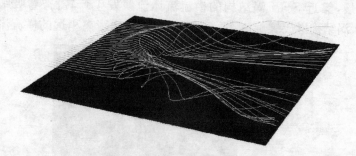

图 5 - 18　环境横流流动形态($h/D=10,u_\mathrm{j}/u_\mathrm{c}=20,z/D=2$)

由图 5 - 18～图 5 - 20 可见,在不同高度水平面内的横流流体,受射流影响的范围和流动形态不同. 对于壁面附近受射流作用的横流

图 5 - 19　环境横流流动形态($h/D=10,u_j/u_c=20,z/D=5$)

流体,主要受 Scarf 涡结构影响,影响范围与 Scarf 涡的尺度相当,如图 5 - 18 所示.随与底壁距离的增加,横流流体受射流的影响范围迅速减小,靠近射流剪切层附近区域的横流流体在受射流卷吸发生相互作用后,其流动形态主要表现为形成横流绕流后在背流面尾迹区向下游发展,同时还会被卷吸进入射流剪切层,对底壁形成冲击向进入 Scarf 涡条带结构,如图 5 - 19 所示.而远离底壁且靠近射流剪切层的横流流体,被卷吸进入射流剪切层后同样存在这样的流动形态,如图 5 - 20 所示.

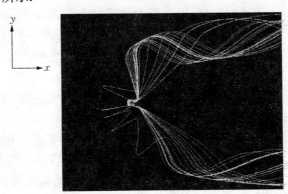

图 5 - 20(1)　俯视图

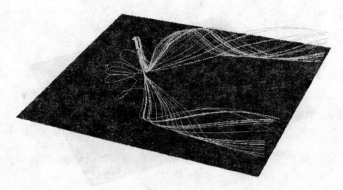

图 5-20(2)

图 5-20　环境横流流动形态($h/D=10,u_{\mathrm{j}}/u_{\mathrm{c}}=20,z/D=9$)

§5.6　本章小结

　　本章对横流冲击射流近区流场和涡旋结构的大涡模拟结果进行了分析,主要研究了横流冲击射流近区流动随时间和空间的发展以及所形成涡旋结构的演化特征和三维结构,主要包括射流主体附近区域的内部结构、射流主体初始演化过程,射流尾迹涡的形成机理以及在横流和底部壁面共同作用下近区所形成的三维涡旋结构,与实验研究所得结果互为补充,以得到对横流冲击射流近区涡旋结构的更深入认识. 本章得到的主要结果如下:

　　◆ 在横流剪切作用下,射流主体背流面将形成反向旋转的涡旋对,在射流发展过程中,涡旋对呈现出非定常特性,其诱导的速度场及其相互作用使得射流主体背流面出现拟周期性的涡脱落现象,射流尾迹涡的形成机理和特性与圆柱绕流有所不同;

　　◆ 射流主体在运动过程中,不同区域内 RMS 速度分布的各向异性特征有所差别,在其偏转过程中,由垂直于底壁方向的湍流输运占主导逐渐过渡到壁射流区内平行于底壁方向的湍流输运占主导;

　　◆ 在射流进入环境横流的初始发展过程中,射流主体迎流面和背流面的涡旋结构分布形式具有较大差别,主要表现在迎流面出现交替排列的小尺度涡,剪切涡之间受横流影响出现间隙,背流面剪切层小尺度涡的发展相对滞后,排列形式不如迎流面规则.冲击效应增强时,射流向底壁发展过程中,其前缘受压力梯度影响破碎为较小尺度均匀分布的涡,与环境流体的卷吸和混掺较为充分;

◆ 射流冲击底壁形成的 Scarf 涡结构两侧螺旋型条带结构在形成和发展过程中存在一定的非对称性,Scarf 涡结构在近区运动扩展过程中与环境流体发生卷吸,但并非发生较充分地掺混,相应能维持至下游较远距离.

第六章 结 论

　　本文的研究对象为受横流影响的冲击射流. 垂直向下射入有限水深环境横流的射流流动,当射流的穿透深度大于横流水深并对底壁产生冲击时,就形成了横流冲击射流. 近区将出现射流剪切层、冲击效应、壁射流及其与横流的相互作用等流动特征,流场中涡旋结构的形成、演化特征和相互作用机制复杂,以往缺乏深入研究. 研究横流冲击射流流动和涡旋结构的非定常特征以及与环境横流、底壁边界的相互作用,不仅能促进其在环境工程、水电工程等实际工程问题中的应用,而且能揭示流场中各种涡结构的内在机制和演化特征,为实施流动控制和改善流场特性提供基础.

　　本文采用水槽实验与数值研究相结合,主要研究环境水深(本文即冲击高度)、流速比等流动参数变化对横流冲击射流近区非定常流动特性的影响,以及流场中冲击射流与横流相互作用形成的涡旋结构的演化特征. 在研究手段上,本文实验研究中采用激光诱导荧光(LIF)流动显示技术和 PIV 流场测量,数值研究采用三维非定常大涡模拟(LES).

　　在实验研究中,利用 LIF 流动显示和 PIV 测量,对 6 种实验工况下横流冲击射流近区对称面、不同水平面内的瞬时流动形态和流速分布进行了详细的测量和分析. 在近区范围内,流场中不仅存在剪切层,而且在横流影响和冲击效应的作用下会形成射流尾迹涡、上游壁面涡和 Scarf 涡等结构,其三维空间尺度、非定常流动特性、演化过程以及各种涡之间存在的相互作用与无横流影响冲击射流和一般横射流情形有较大差异,并对射流与环境横流的卷吸、混合起重要作用.

　　本文实验得到的主要结论如下:

　　◆ 在射流出口剪切层内,冲击效应和横流影响将导致射流主体部分的流动呈现较强的三维性,射流主体迎流面和背流面初始形成的剪切层涡存在三种分布形式,即近似轴对称型、交替型和螺旋型. 随射流的发展,受横流影响以及涡间相互作用,剪切涡均会发展为围绕射流主体的螺旋型模式. 迎流面剪切涡的分布较为规则,在发展过程中卷吸环境流体,涡间存在较明显的间隙;背流面剪切涡存在涡脱落、破碎现象,其运动扩散比迎流面不规则得多;

◆ 随环境水深的增大和横流影响的加强,冲击射流与横流的相互作用将导致近壁区域流动结构呈现出较明显的非定常特征. 上游壁面涡在形成和翻卷过程中呈现拟周期性的"膨胀-收缩"现象,在此过程中与射流主体剪切层之间的相互影响相应增强,导致射流主体在接近底壁时表现为沿射流轴线一定范围内的前后摆动,且偏斜程度的变化与上游壁面涡状态有关. 当上游壁面涡为"膨胀"状态时,壁面附近区域内射流主体向下游的偏斜程度较小;而当上游壁面涡为"收缩"状态时,射流主体的偏斜程度则略有增大;

◆ 射流到达底壁形成冲击后在射流主体上游出现大尺度壁面涡结构,其扩展范围和非定常运动特性依赖于冲击效应和横流影响. 在本文实验工况中冲击最强烈情况($h/D=10, u_j/u_c=20$),上游壁面涡运动较稳定,壁面涡尺度较大,与射流主体间保持明显的间隙,基本附着在底壁,在翻卷过程中对射流主体无明显影响. 随环境横流影响的增强或冲击高度的增加,壁面涡运动呈现较强的非定常特性,涡的垂向尺度、分离点的流向位置及与壁面接触范围等出现拟周期性变化,壁面涡仅与底壁轻微接触甚至处于"悬浮"在底壁的运动状态;

◆ 流动显示实验时仅在射流流体中添加了荧光染色剂,得到射流主体背流面射流尾迹涡的流动图像. 射流尾迹涡不仅有水平面内的旋转和拉伸变形,还存在垂直平面内的扭转,表现出明显的三维流动形态. 相邻涡存在旋转方向相同以及旋转方向相反的多种排列形式,在射流主体后缘还有多条尾迹涡横向并列分布情形. 而且射流尾迹涡在距离底壁较远区域内已经出现,其流动形态及形成机理均不同于以往研究较多的壁面边界层与射流绕流作用下形成的横流尾迹

涡结构;

◆ 本文实验工况下,流速比和射流冲击高度较大时,射流背流面以射流尾迹涡为主要结构.随着冲击高度和流速比的减小,横流尾迹涡成为射流背流面区域内的主要流动结构.尾迹涡存在横向摆动,但其摆动幅度相对 Scarf 涡带状结构横向范围较小,尾迹涡系处于 Scarf 涡带状区域内.横流尾迹涡向下游的维持距离大于射流尾迹涡;

◆ 冲击射流在底壁和环境横流作用下会在壁面附近区域形成围绕射流主体以螺旋状向下游发展的 Scarf 涡结构,其螺旋条带结构边缘还存在成对的小涡结构,这些小尺度涡呈现非定常的运动特征.

另外由实验结果得到各流动参数条件下壁面涡的涡心位置、垂向尺度、上游穿透距离、分离点位置等描述壁面涡状态的特征参数及 Scarf 涡的横向影响范围,由这些特征参数即可得到不同流动参数条件下横流冲击射流的影响区域.对在实际问题中出现的类似流动,可作为确定横流冲击射流扩散范围的依据.

为得到对横流冲击射流涡旋结构的更深入认识,在实验研究基础上本文对近区流场结构进行了三维非定常大涡模拟,主要研究近区流动和涡旋结构随时间、空间的发展演化,包括射流主体附近区域的内部结构,射流主体初始演化过程,射流尾迹涡的形成机理以及在横流和底部壁面共同作用下近区所形成的三维涡旋结构,与实验研究所得结果互为验证和补充.与本文实验 PIV 流场测量结果的定量比较表明,大涡模拟得到的流场结构、上游壁面涡的涡心、分离点、下游壁射流等流向位置处的速度分布和特征参数等与 PIV 测量结果均吻合较好.本文数值研究所得主要结论如下:

◆ 在横流剪切作用下,射流主体背流面将形成反向旋转的涡旋对,在射流发展过程中,涡旋对呈现出非定常特性,其诱导的速度场及其相互作用使得射流主体背流面出现拟周期性的涡脱落现象,射流尾迹涡的形成机理和特性与圆柱绕流有本质不同;

◆ 射流主体在运动过程中,不同区域内速度 RMS 分布的各向异性特征有所差别,在其偏转过程中,由垂直于底壁方向的湍流输运占

主导逐渐过渡到壁射流区内平行于底壁方向的湍流输运占主导;

◆ 在射流进入环境横流的初始发展过程中,射流主体迎流面和背流面的涡旋结构分布形式具有较大差别,主要表现在迎流面出现交替排列的小尺度涡,剪切涡之间受横流影响出现间隙,背流面剪切层小尺度涡的发展相对滞后,排列形式不如迎流面规则. 冲击效应增强时,射流向底壁发展过程中,其前缘受压力梯度影响破碎为较小尺度均匀分布的涡,与环境流体的卷吸和混掺较为充分;

◆ 射流冲击底壁形成的 Scarf 涡结构两侧螺旋型条带结构在形成和发展过程中存在一定的非对称性,Scarf 涡结构在近区运动扩展过程中与环境流体发生卷吸而非与其完全掺混,相应能维持至下游较远距离.

由于实验手段、计算资源和时间等因素的限制,本文对横流冲击射流近区涡旋结构的研究在许多方面还有待进一步深入和完善. 对今后的继续研究,本文提出如下建议:

◆ 实验研究方面,提高实验的精细程度,如对射流主体部分区域或断面采用多种流动显示技术以得到射流主体的内部流动结构,PIV 测量分为不同区域进行测量以提高空间分辨率,结合采用单点测量方法以得到足够的湍流信息;

◆ 数值模拟方面,采用大涡模拟对更多流速比和环境水深条件下的计算结果进行分析,以比较不同流态时射流发展演变过程的相互联系;

◆ 考虑射流出口特征参数对横流冲击射流流动形态和涡旋结构的影响,如射流出口形状、流速、直径的改变以及含固体颗粒等.

参 考 文 献

[1] 余常昭. 紊动射流[M]. 北京: 高等教育出版社, 1993.

[2] Rodi W. Turbulent buoyant jets and plumes[M]. Oxford: Pergamon Press, 1982.

[3] 余常昭. 环境流体力学导论[M]. 北京: 清华大学出版社, 1992.

[4] 李炜. 环境水力学进展[M]. 武汉: 武汉水利电力大学出版社, 1999.

[5] 刘应中, 缪国平. 高等流体力学[M]. 上海: 上海交通大学出版社, 2000.

[6] 梁在潮. 工程湍流[M]. 武汉: 华中理工大学出版社, 1999.

[7] 李玉梁, 李玲. 环境水力学的研究进展与发展趋势[J]. 水资源保护, 2002(1): 1 - 6.

[8] 林建忠. 湍流的拟序结构[M]. 北京: 机械工业出版社, 1995.

[9] Cortelezzi L., Karagozian A. R. On the formation of the counter-rotating vortex pair in transverse jets[J]. Journal of Fluid Mechanics, 2001, 446: 347 - 373.

[10] Smith S. H., Mungal M. G. Mixing, structure and scaling of the jet in cross flow[J]. Journal of Fluid Mechanics, 1998, 357: 83 - 122.

[11] Andreopoulos J., Praturi A., Rodi W. Experiments on vertical plane buoyant jets in shallow water[J]. Journal of Fluid Mechanics, 1986, 168: 305 - 336.

[12] Ulasir M., Wright S. J. Influence of downstream control

and limited depth on flow hydrodynamics of impinging buoyant jets[J]. Environment Fluid Mechanics, 2003, 3(2): 85 - 107.

[13] 董志勇. 冲击射流[M]. 北京: 海洋出版社,1997.

[14] 陈庆光,徐忠,张永建. 湍流冲击射流流动与传热的数值研究进展[J]. 力学进展,2002,32(1): 82 - 108.

[15] Craft T. J. , et al. Impinging jet studies of turbulence model assessment-II. An examination of the performance of four turbulence models[J]. Int. J. Heat Mass Transfer, 1993, 36 (10): 2685 - 2697.

[16] Ashforth-Frost S. , Jambunathan K. Numerical prediction of semi-confined jet impingement and comparison with experimental data[J]. International Journal for Numerical Methods in Fluids, 1996, 23(3): 295 - 306.

[17] 是勋刚. 湍流[M]. 天津: 天津大学出版社,1994.

[18] Albertson M. L. , Dai Y. B. , Jensen R. A. , Rouse H. Diffusion of submerged jets[J]. Trans. ASCE, 1950, 115: 639 -664.

[19] Rouse H. , Yih C. S. , Humphreys H. W. Gravity convection from a boundary source[J]. Tellus, 1952, 4: 201 - 210.

[20] Kotsovinos N. E. , List E. J. Plane turbulent buoyant jets, Part I: Integral properties[J]. J. Fluid Mech. , 1977, 81: 25 - 44.

[21] Chen C. J. , Rodi W. Vertical turbulent buoyant jets: A review of experimental data [M]. Oxford: Pergamon Press, 1980.

[22] Ramaprian B. R. , Chandrasekhara M. S. LDA measurements in

plane turbulent jets [J]. J. Fluids Eng., 1985, 107: 264 - 271.

[23] George W. K., Alpert R. L., Tamanini F. Turbulent measurement in an axisymmetric buoyant plume[J]. Int. J. Heat Mass Transfer, 1977, 20: 1145 - 1154.

[24] Papanicolaou P. N., List E. J. Statistical and spectral properties of tracer concentration in round buoyant jets[J]. Int. J. Heat Mass Transfer, 1987, 30(10): 2059 - 2071.

[25] Papanicolaou P. N., List E. J. Investigation of round vertical turbulent buoyant jets[J]. J. Fluid Mech., 1988, 195: 341 - 391.

[26] Batchelor G. B., Gill A. E. Analysis of the stability of axisymmetric jets[J]. J. Fluid Mech., 1962, 14: 529 - 551.

[27] Grant A. J. A numerical model of instability in axisymmetric jets[J]. J. Fluid Mech., 1974, 66: 707 - 724.

[28] Rodi W., Chen C. J. A mathematical model for stratified turbulent flow and its application to buoyant jets[C]. The 16th IAHR Congress, Sao Paulo, Brazil, 1975.

[29] Hossain M. S., Rodi W. A turbulent model for buoyant flows and its application to vertical buoyant jets[J]. The science and applications of heat and mass transfer, Report, Reviews and Computer Programs, 1982, HMT 6: 121 - 178.

[30] 余常昭,李春华. 圆形断面自由湍动射流卷吸的实验研究[J]. 气动实验与测量控制,1996,10(1): 31 - 37.

[31] Brown G. B. On vortex motion in gaseous jets and the origin of their sensitivity to sound. Proc. Phys. Soc., 1935, 47: 703 - 732.

[32] Davies P. O. A. L., Fisher M. J., Barratt M. J. The

characteristics of the turbulence in the mixing region of a round jets[J]. J. Fluid Mech. , 1962, 93: 281 - 303.

[33] Becker H. A. , Massaro T. A. Vortex evolution in a round jet[J]. J. Fluid Mech. , 1968, 31: 435 - 448.

[34] Crow S. C. , Champange F. H. Orderly structure in jet turbulence[J]. J. Fluid Mech. , 1971, 48: 547 - 591.

[35] Yule A. J. Large scale structures in the mixing layer of a round jet[J]. J. Fluid Mech. , 1978, 89: 431 - 432.

[36] Chan Y. T. Wavelike eddies in a turbulent jet[J]. AIAA J. , 1977, 15(7): 992 - 1001.

[37] Liu J. T. C. Developing large-scale wavelike eddies and the neat jet noise field[J]. J. Fluid Mech. , 1974, 62: 437 - 464.

[38] Crighton D. G. , Gaster M. Stability of slowly diverging jet flows[J]. J. Fluid Mech. , 1976, 77: 397 - 413

[39] Plaschko P. Helical instabilities of slowly divergent jets[J]. J. Fluid Mech. , 1979, 92: 209 - 215.

[40] Petersen R. A. Influence of wave dispersion on vortex pairing in a jet[J]. J. Fluid Mech. , 1978, 89: 469 - 495.

[41] Mungal M. G. , Hollingsworth D. K. Organized motion in a very high Reynolds number jet[J]. Phys. Fluids, 1989, 1 (10): 1615 - 1623.

[42] Yoda M. , Hesselink L. , Mungal M. G. The evolution and nature of large-scale structures in the turbulent jet[J]. Phys. Fluids, 1992, 4(4): 803 - 811.

[43] 范全林,王希麟,张会强,等. 圆湍射流控制的实验研究[J]. 燃烧科学与技术,1999,5(1): 46 - 51.

[44] 范全林,王希麟,张会强,等. 圆湍射流拟序结构研究进展[J]. 力学进展,2002,32(1): 109 - 118.

[45] Agrawal A., Prasad A. K. Properties of vortices in the self-similar turbulent jet[J]. Experiments in Fluids, 2002, 33: 565 - 577.

[46] 刘中秋,林建忠,石兴. 轴对称射流中涡丝运动的三维涡丝模拟[J]. 科技通报,2002,18(4): 270 - 275.

[47] 金晗辉,许跃敏,樊建人,等. 矩形喷嘴射流近喷口流场的大涡模拟[J]. 化工学报,2004,55(8): 1243 - 1248.

[48] 蒋平,郭印诚,张会强,等. 矩形射流流动的大涡模拟[J]. 清华大学学报: 自然科学版,2004,44(5): 689 - 692.

[49] Hu H., Kobayashi T., Saga T., Segawa S., Taniguchi N. Particle image velocimetry and planar laser-induced fluorescence measurements on lobed jet mixing flows[J]. Experiments in Fluids (Suppl.), 2000: 141 - 157.

[50] 李士心,姜楠,舒玮. 自由湍射流多尺度湍涡结构标度率的实验研究[J]. 实验力学,1999,14(4): 409 - 413.

[51] 刘欣,姜楠,舒玮. 圆自由射流多尺度涡结构迁移特性的实验研究[J]. 空气动力学学报,2004,22(1): 69 - 72.

[52] Jung D., Gamard S., George W. K. Downstream evolution of the most energetic modes in a turbulent axisymmetric jet at high Reynolds number. Part 1. The near-field region[J]. J. Fluid Mech., 2004, 514: 173 - 204.

[53] Gamard S., Jung D., George W. K. Downstream evolution of the most energetic modes in a turbulent axisymmetric jet at high Reynolds number. Part 2. The far-field region[J]. J. Fluid Mech., 2004, 514: 205 - 230.

[54] Stanley S. A., Sarkar S., Mellado J. P. A study of the flow-field evolution and mixing in a planar turbulent jet using direct numerical simulation[J]. J. Fluid Mech., 2002, 450:

377 - 407.

[55] Pratte B. D. , Baines W. D. Profiles of the round turbulent jet in a crossflow[J]. J. Hydr. Div. ASCE, 1967, 92(6): 53 - 64.

[56] Kamotani Y. , Greber I. Experiments on a turbulent jet in a cross flow[J]. AIAA J. , 1972, 10: 1425 - 1429.

[57] Crabb D. , Durao D. F. C. , Whitelaw J. H. A round jet normal to a crossflow[J]. Trans. ASME J. Fluid Eng. , 1981, 103: 142 - 153.

[58] Andreopoulos J. , Rodi W. Experimental investigation of jets in a crossflow[J]. J. Fluid Mech. , 1984, 138: 93 - 127.

[59] Andreopoulos J. On the structure of jets in a crossflow[J]. J. Fluid Mech. , 1985, 157: 163 - 197.

[60] Subramanaya K. , Porey P. D. Trajectory of a turbulent cross jet[J]. Journal of Hydraulic Research, 1984, 22(5): 343 - 354.

[61] Chan T. L. , Lin J. T. , Kennedy J. F. Entrainment and drag force of deflected jets[J]. J. Hydr. ASCE, 1976, 102 (5): 615 - 635.

[62] New T. H. , Lim T. T. , Luo S. C. A flow field study of an elliptic jet in cross flow using DPIV [J]. Experiment in Fluids, 2004, 36: 604 - 618.

[63] Brandshaw J. E. , Brerdenthal R. E. Structure and mixing of a transverse jet in incompressible flow[J]. J. Fluid Mech. , 1984, 148: 405 - 412.

[64] Moussa Z. M. , Trischka J. W. , Eskinazi S. The near field in the mixing of a round jet with a cross-stream[J]. J. Fluid Mech. , 1977, 80: 49 - 80.

[65] Sykes R. I. , Lewellen W. S. , Parker S. F. On the vorticity dynamics of a turbulent jet in a crossflow [J]. J. Fluid Mech. , 1986, 168 : 393 - 413.

[66] Krothapalli A. , Lourenco L. , Buchlin J. M. Separated flow upstream of a jet in a crossflow[J]. AIAA J. , 1990, 28 : 414 - 420.

[67] Kelso R. M. , Smits A. J. Horseshoe vortex systems resulting from the interaction between a laminar boundary layer and a transverse jet [J]. Phys. Fluids, 1995, 7 : 153 - 158.

[68] Fric T. F. , Roshko A. Vortical structure in the wake of a transverse jet[J]. J. Fluid Mech. , 1994, 279 : 1 - 47.

[69] Kelso R. M. , Lim T. T. , Perry A. E. A novel flying hot-wire system[J]. Exps. Fluids, 1994, 16 : 181 - 186.

[70] Kelso R. M. , Lim T. T. , Perry A. E. An experimental study of round jets in cross-flow[J]. J. Fluid Mech. , 1996, 306 : 111 - 144.

[71] Sergio L. V. , Coelho S. L. V. , Hunt J. C. R. The dynamics of the near field of strong jets in crossflows[J]. J. Fluid Mech. , 1989, 200 : 95 - 120.

[72] Lim T. T. , New T. H. , Luo S. C. On the development of large-scale structures of a jet normal to a cross flow [J]. Physics of Fluids, 2001, 13(3): 770 - 775.

[73] Claus R. W. , Vanka S. P. Multigrid calculations of a jet in crossflow[J]. J. Propulsion Power, 1992, 8 : 425 - 431.

[74] Kim S. W. , Benson T. J. Calculation of a circular jet in crossflow with a multiple-time-scale turbulence model[J]. Int. J. Heat Mass Transfer, 1992, 35 : 2357 - 2365.

[75] Demuren A. O. Characteristics of three-dimensional turbulent jets in crossflow[J]. Int. J. Engng Sci. , 1993, 31: 899 - 913.

[76] 吴海玲,陈听宽,罗毓珊. 应用不同紊流模型的二维横向射流传热数值模拟研究[J]. 西安交通大学学报,2001,35(9): 903 - 907.

[77] 槐文信,李炜,彭文启. 横流中单圆孔紊动射流计算与特性分析[J]. 水利学报,1998(4): 7 - 14.

[78] 槐文信,柴田敏彦. 浅水型河道中扩散器垂向排放的三维数值模拟[J]. 水科学进展,1999,10(1): 1 - 6.

[79] 杨中华,槐文信. 静止环境中负浮力射流的特征量[J]. 武汉大学学报工学版,2001,34(1): 10 - 13.

[80] 槐文信,杨中华. 动水中负浮力射流特征量的研究[J]. 水动力学研究与进展(A 辑),2001,16(4): 399 - 403.

[81] 槐文信,杨中华. 静止环境中平面负浮力射流排放近区特性的数值研究[J]. 水科学进展,2002,13(4): 420 - 426.

[82] 张晓元,李炜,李长城. 横流环境中射流的数值研究[J]. 水利学报,2002(3): 32 - 38.

[83] 槐文信,那宇彤,童汗毅,等. 静止浅水环境中铅垂紊动射流的试验研究[J]. 水利学报,2002(9): 32 - 36.

[84] 韩会玲,梁素韬,李炜. 横流均匀环境中三维线源型正负浮力射流特性研究[J]. 水动力学研究与进展(A 辑),2002,17(3): 281 - 293.

[85] 李爱华,槐文信. 流动环境中二维铅垂射流的试验研究及数值模拟[J]. 水利学报,2002(12): 49 - 55.

[86] 李炜,姜国强,张晓元. 横流中圆孔湍射流的旋涡结构[J]. 水科学进展,2003,14(5): 576 - 582.

[87] 姜国强,李炜. 横流中有限宽窄缝射流的旋涡结构[J]. 水利学报,2004(5): 52 - 57.

[88] Olsson M. Large eddy simulation of turbulent jets[D]. Ph. D. Thesis, Stockholm : Royal Institute of Technology, Sweden, 1997.

[89] Yuan L. L, Street R. , Ferziger J. H. Large-eddy simulation of a round jet in crossflow[J]. J. Fluid Mech. , 1999, 379: 71 - 104.

[90] Shtern V. , Hussain F. Effect of deceleration on jet instability[J]. J. Fluid Mech. , 2003, 480: 283 - 309.

[91] Bunyajitradalya A. , Sathapornnanon S. Sensitivity to tab disturbance of the mean flow structure of nonswirling jet and swirling jet in crossflow [J]. Phys. Fluids, 2005, 17: 108 - 117.

[92] 刘沛清,高季章,李永梅. 高坝下游水垫塘内淹没冲击射流实验[J]. 中国科学(E 辑),1998, 28(4): 370 - 377.

[93] 吕阳泉,董志勇,李永祥,等. 高坝下游水垫塘冲击射流数模计算研究[J]. 长江科学院院报,2002, 19(1): 3 - 6.

[94] Beltaos S. , Rajaratnam N. Plane turbulent impinging jet[J]. J. of Hydraulic Research, 1973, 1: 29 - 60.

[95] Beltaos S. , Rajaratnam N. Impinging circular turbulent jets [J]. Journal of the Hydraulics Division, ASCE, 1974, 100 (HY10): 1313 - 1328.

[96] Heyerichs K. , Pollard A. Heat transfer in separated and impinging turbulent flows[J]. Int. J. Heat Mass Transfer, 1996, 39(12): 2385 - 2400.

[97] Cooper D. , et al. Impinging jet studies of turbulence model assessment-I. Flow-field experiments[J]. Int. J. Heat Mass Transfer, 1993, 36(10): 2675 - 2684.

[98] Knowles K. , Myszko M. Turbulence Measurements in radial

wall jets[J]. Experimental Thermal and Fluid Science, 1998, 17: 71 - 78.

[99] Guillard F., et al. Mixing in a confined turbulent impinging jet using planar laser-induced fluorescence[J]. Experiments in Fluids, 1998, 25: 143 - 150.

[100] Maurel S., Solliec C. A turbulent plane jet impinging nearby and far from a flat plate[J]. Experiments in Fluids, 2001, 31(6): 687 - 696.

[101] 徐惊雷,徐忠,张堃元,等. 冲击高度对半封闭紊流冲击射流流场影响的实验研究[J]. 实验力学,2000,15(4): 466 - 472.

[102] 徐惊雷,徐忠,张堃元,等. 冲击高度对自由冲击射流影响的实验研究[J]. 力学与实践,2002,24(1): 21 - 25.

[103] 熊霏,姚朝晖,郝鹏飞,等. 冲击射流的 PIV 实验研究[J]. 流体力学实验与测量,2004,18(3): 68 - 72.

[104] 陈庆光,徐忠,张永建. 轴对称湍流冲击射流场的数值预测[J]. 动力工程,2002,22(6): 2015 - 2019.

[105] Yakhot A., Orszag S. A. Renormalization group analysis of turbulence: I. Basic theory[J]. Journal of Scientific Computing, 1986, 1(1): 1 - 51.

[106] 陈庆光,徐忠,张永建. RNG 湍流模型在冲击射流数值计算中的应用[J]. 力学与实践,2002,24: 21 - 24.

[107] 陈庆光,徐忠,张永建. 半封闭狭缝湍流冲击射流的数值模拟[J]. 应用力学学报,2003,20(2): 88 - 91.

[108] 陈庆光,徐忠,张永建. 用改进的 RNG 模式数值模拟湍流冲击射流流动[J]. 西安交通大学学报,2002,36(9): 916 - 920.

[109] Chen Qing-guang, Xu Zhong. Application of two versions of a RNG based k-ε model to numerical simulations of turbulent impinging jet flow[J]. Journal of Hydrodynamics

(Ser. B), 2003, 15(2): 71 - 76.

[110] Craft T. J., Iacovides H., Yoon J. H. Progress in the use of non-linear two-equation models in the computation of convective heat-transfer in impinging and separated flows [J]. Flow, Turbulence and Combustion, 1999, 63: 59 - 80.

[111] Chen Q., Modi V. Mass transfer in turbulent impinging slot jets [J]. Int. J. Heat Mass Transfer, 1999, 42: 873 - 887.

[112] Gibson M. M., Harper R. D. Calculation of impinging-jet heat transfer with the low-Reynolds-number q-ζturbulence model[J]. Int. J. Heat and Fluid Flow, 1997, 18(1): 80 - 87.

[113] Behnia M., Parneix S., Durbin P. A. Prediction of heat transfer in an axisymmetric turbulent jet impinging on a flat plate[J]. Int. J. Heat Mass Transfer, 1998, 41(12): 1845 - 1855.

[114] Dianat M., Fairweather M., Jones W. P. Predictions of axisymmetric and two-dimensional impinging jets[J]. Int. J. Heat and Fluid Flow, 1996, 17(6): 530 - 538.

[115] Olsson M., Fuchs L. Large eddy simulations of a forced semiconfined circular impinging jet[J]. Physics of Fluids, 1998, 10(2): 476 - 486.

[116] Chan T. L., Zhou Y., Liu M. H., Leung C. W., Mean flow and turbulence measurements of the impingement wall jet on a semi circular convex surface[J]. Experiments in Fluids, 2003, 34: 140 - 149.

[117] Cornaro C., Fleischer A. S., Goldstein R. J., Flow visualization of a round jet impinging on cylindrical surfaces

[J]. Experimental Thermal and Fluid Science，1999，20：66-78.

[118] Barata J. M. M. , Durao D. F. G. , Heitor M. V. Impingement of single and twin turbulent jets through a crossflow[J]. AIAA Journal, 1991, 29(4): 595-602.

[119] Barata J. M. M. Fountain flows produced by multiple impinging jets in a crossflow[J]. AIAA Journal，1996，34 (12): 2523-2530.

[120] Barata J. M. M. , Durao D. F. G. Numerical study of single impinging jets through a crossflow[J]. J. Aircraft, 1989, 26(11): 1002-1008.

[121] Kim S. W. , Benson T. J. Fluid flow of a row of jets in cross flow-A numerical study[J]. AIAA Journal，1993，31 (5): 806-811.

[122] Ajersch P. , et al. Multiple jets in a cross flow detailed measurements and numerical simulations [J]. ASME J. Turbomachinery, 1997, 119(4): 330-342.

[123] Leschziner M. A. , Ince N. Z. Computational modelling of three-dimensional impinging jets with and without cross-flow using second-moment closure [J]. Computers & Fluids, 1995, 24(7): 811-832.

[124] Bernard A. , Brizzi L. E. , Bousgarbies J. L. A comparison of flow visualization and wall pressure measurements for a jet impinging on a plane surface[J]. Experiments in Fluids, 2000, 29: 23-29.

[125] Zhang Yan, Wang Dao-zeng, Fan Jing-yu. Experimental investigations on diffusion characteristics of high concentration jet flow in near region [J]. Journal of

Hydrodynamics (Ser. B), 2001, 13(1): 117 - 121.

[126] 张燕,王道增,樊靖郁. 异重射流流动形态和浓度分布特性的实验研究[J]. 上海大学学报: 自然科学版, 2001, 7(6): 550 - 554.

[127] Zhang Yan, Wang Dao-zeng, Fan Jing-yu. Experimental Investigations on Diffusion Characteristics of High Concentration Jets in Environmental Currents[J]. Applied Mathematics and Mechanics (English Edition), 2002, 23 (12): 1429 - 1436.

[128] Fan Jing-yu, Zhang Yan, Wang Dao-zeng. Study on a dense impinging jet in shallow crossflows[C]. Proceedings of the 4th International Conference on Nonlinear Mechanics, Shanghai: Shanghai University Press, 2002: 968 - 972.

[129] Barata J. M. M., Durao D. F. G. Laser-Doppler measurements of impinging jet flows through a crossflow [J]. Experiments in Fluids, 2004, 36: 665 - 674.

[130] 樊靖郁. 横流环境中异重淹没冲击射流研究[D]. 博士学位论文,上海: 上海大学,2003.

[131] Zhang Yan, Fan Jing-yu, Wang Dao-zeng. Experimental Investigations of the Impacts of Sidecast Dredging Process on Water Environment[J]. Key Engineering Materials, 2003, 243 - 244: 249 - 254.

[132] 樊靖郁,张燕,王道增. 浅水环境中含污染物横向射流三维浓度分布特性研究[C]. 第十八届全国水动力学研讨会文集,北京: 海洋出版社,2004: 590 - 596.

[133] Fan Jing-yu, Wang Dao-zeng, Zhang Yan. Three-dimensional mean and turbulence characteristics of an impinging density jet in a confined crossflow in near field

[J]. Journal of Hydrodynamics (Ser. B), 2004, 16(6): 737 - 742.

[134] 徐惊雷. 冲击射流的研究概述[J]. 力学与实践, 1999, 21(6): 8 - 17.

[135] 童秉纲, 张炳暄, 崔尔杰. 非定常流与涡运动[M]. 北京: 国防工业出版社, 1993.

[136] 姜国强, 张晓元, 李炜. PIV 在横流中的湍射流实验研究中的应用[J]. 水科学进展, 2002, 13(5): 588 - 593.

[137] Gordon M., Soria J. PIV measurements of a zero-net-mass-flux jet in cross flow[J]. Experiments in Fluids, 2002, 33: 863 - 872.

[138] 陈向阳, 邹介棠. 使用 PIV 技术测量喷嘴附壁射流的冷态流场[J]. 流体机械, 2003, 31(9): 5 - 7.

[139] Peterson S. D., Plesniak M. W. Evolution of jets emanating from short holes into crossflow[J]. J. Fluid Mech., 2004, 503: 57 - 91.

[140] Dimotakis P. E., Miake-Lye R. C., Papantoniou D. A. Structure and dynamics of round turbulent jets[J]. Phys. Fluids, 1983, 26(11): 3185 - 3192.

[141] Prasad R. R., Sreenivasan K. R. Quantitative three-dimensional imaging and the structure of passive scalar fields in fully turbulent flows[J]. J. Fluid Mech., 1990, 216: 1 - 34.

[142] Webster D. R., Roberts P. J. W., Raad L. Simultaneous DPTV/PLIF measurements of a turbulent jet[J]. Exp. Fluids, 2001, 30(1): 65 - 72.

[143] Tian X., Roberts P. J. W. A 3D LIF for turbulent buoyant jet flows[J]. Exp. Fluids, 2003, 35: 636 - 647.

[144] Hu H., Kobayashi T., Saga T., Segawa S., Taniguchi N. Particle image velocimetry and planar laser-induced fluorescence measurements on lobed jet mixing flows[J]. Experiments in Fluids (Suppl.), 2000: 141 - 157.

[145] Borg A., Bolinder J., Fuchs L. Simultaneous velocity and concentration measurements in the near field of a turbulent low-pressure jet by digital particle image velocimetry-planar laser-induced fluorescence[J]. Experiments in Fluids, 2001, 31: 140 - 152.

[146] Xu G., Antonia R. A. Effect of different initial conditions on a turbulent round free jet[J]. Experiments in Fluids, 2002, 33: 677 - 683.

[147] 申功炘. 全场观测技术概念、进程与展望[J]. 北京航空航天大学学报,1997,23(3): 332 - 340.

[148] 王希麟. 两相流场粒子成像测速技术(PTV - PIV)初探[J]. 力学学报,1998,30(1): 121 - 125.

[149] 许联锋,陈刚,李建中,等. 气液两相流中气泡运动速度场的 PIV 分析与研究[J]. 实验力学,2002,17(4): 65 - 70.

[150] 张东东,许宏庆,何枫. 气固两相射流瞬时速度场和浓度场的 PIV 研究[J]. 清华大学学报,2003, 43(11): 1491 - 1494.

[151] 杨延相,汪剑鸣. PIV 中提取速度信息的一种新方法[J]. 流体力学实验与测量,2000, 14(3): 73 - 78.

[152] 杨永荻,刘桦,王道增. 边抛疏浚的回淤率研究[J]. 水运工程,1999(10): 75 - 78.

[153] W. 梅尔兹科奇. 流动显示[M]. 北京: 科学出版社,1991.

[154] Germano M. Differential filters for the large eddy numerical simulation of turbulent flows[J]. Phys. Fluids, 1986, 29: 1755 - 1757.

[155] Germano M. , Piomelli U. , Moin P. , Cabot W. A dynamic subgrid-scale eddy viscosity model [J]. Phys. Fluids A, 1991, 3: 1760 - 1765.

[156] Germano M. , Piomelli U. , Moin P. , Cabot W. Erratum: A dynamic subgrid-scale eddy viscosity model [J]. Phys. Fluids A, 1991, 3: 3128.

[157] Yakhot V. , Orszag. S. A. Renormalization Group Analysis of Turbulence: I. Basic Theory [J]. Journal of Scientific Computing, 1986, 1(1): 1 - 51.

[158] Yakhot A. , Orszag S. A. , Yakhot V. , Israeli M. Renormalization group formulation of large-eddy simulation [J]. Journal of Scientific Computing, 1989, 4: 139 - 158.

[159] Geers L. F. G. , Tummers M. J. , Hanjalić K. Experimental investigation of impinging jet arrays [J]. Experiments in Fluids, 2004, 36(6): 946 - 958.

[160] 陈晓春. 基于并行计算的大涡模拟方法及其工程应用基础研究[D]. 博士学位论文, 西安: 西安建筑科技大学, 2004.

攻读博士学位期间
公开发表的论文

［1］ Zhang Yan, Wang Dao-zeng, Fan Jing-yu. Experimental Investigations on Diffusion Characteristics of High Concentration Jet Flow in Near Region. Journal of Hydrodynamics (Ser. B), 2001, 13(1): 117 - 121.

［2］ 张燕,王道增,樊靖郁. 异重射流流动形态和浓度分布特性的实验研究. 上海大学学报（自然科学版），2001，7（6）：550 - 554.

［3］ Fan Jing-yu, Zhang Yan, Wang Dao-zeng. Study on a Dense Impinging Jet in Shallow Crossflows. Proceedings of the 4th International Conference on Nonlinear Mechanics, Shanghai：Shanghai University Press, 2002：968 - 972.

［4］ 张燕,王道增,樊靖郁. 流动环境中高浓度射流扩散实验研究. 应用数学和力学，2002，23(12): 1276 - 1282.

［5］ Zhang Yan，Wang Dao-zeng，Fan Jing-yu. Experimental Investigations on Diffusion Characteristics of High Concentration Jets in Environmental Currents. Applied Mathematics and Mechanics（English Edition），2002，23(12): 1429 - 1436.

［6］ Zhang Yan，Fan Jing-yu，Wang Dao-zeng. Experimental Investigations of the Impacts of Sidecast Dredging Process on Water Environment. Key Engineering Materials，2003，243 - 244：249 - 254.

［7］ Qi Ding-man, Zhang Yan. Numerical Investigations on

Effects of the Reclamation Project on Hengsha East Beach in the Yangtze Estuary Deepwater Channel. Proceedings of the International Conference on Estuaries and Coasts, Hangzhou: Zhejiang University Press, 2003: 937 - 943.

[8] 樊靖郁,张燕,王道增. 浅水环境中含污染物横向射流三维浓度分布特性研究. 第十八届全国水动力学研讨会文集,北京:海洋出版社,2004: 590 - 596.

[9] 张燕,樊靖郁,王道增. 颗粒对气固两相射流中流体特性影响的数值研究. 现代数学和力学(MMM - IX),上海:上海大学出版社,2004: 559 - 561.

[10] Qi Ding-man, Fan Jing-yu, Zhang Yan. Numerical Study on the Effects of Deepwater Channel Regulation on Tidal Flow Fields in the Jiaojiang Estuary. Proceedings of the International Conference on Coastal Infrastructure Development - Challenges in the 21st Century, Hong Kong, 2004.

[11] Fan Jing-yu, Wang Dao-zeng, Zhang Yan. Three-dimensional Mean and Turbulence Characteristics of an Impinging Density Jet in a Confined Crossflow in Near Field. Journal of Hydrodynamics (Ser. B), 2004, 16(6): 737 - 742.

[12] 樊靖郁,张燕,王道增. 动水中含污染物冲击射流横向高浓度聚集区的形成机理和特性分析. 水科学进展,2005.

[13] Zhang Yan, Fan Jing-yu, Johan Liu. Numerical Investigation Based on CFD for Air Impingement Heat Transfer in Electronics Cooling. Proceedings of the Seventh IEEE CPMT Conference on High Density Microsystem Design and Packaging and Component Failure Analysis, Shanghai, 2005.

[14] Zhang Yan, Ragnar Larsson, Fan Jing-yu, Johan Liu. Interface Modelling of ACA Interconnects Using Micropolar

Theory. Proceedings of the Seventh IEEE CPMT Conference on High Density Microsystem Design and Packaging and Component Failure Analysis, Shanghai, 2005.

[15] 张燕,樊靖郁,王道增. 浅水中横射流近区流动特性的 PIV 实验研究,中国力学学会学术大会,北京,2005.

致　谢

　　本文是在我的导师王道增教授的指导下完成的. 在攻读博士学位的这几年中,无论在论文的选题、研究和撰写过程中始终得到导师的教诲和关心. 尤其论文实验中仪器设备的设计与改进,各种实验方法的筛选比较等过程中,导师严谨求实的学风、广博精深的学识和孜孜不倦的精神使本人受益匪浅,而对待科研工作的认真态度更是令本人钦佩,在此谨对导师多年来对我的培养和指导表示衷心的感谢.

　　特别感谢刘宇陆教授的关心和帮助,在论文撰写过程中,刘宇陆教授对论文的指导和建议使本人受益匪浅.

　　感谢卢志明教授、冉政副教授对论文工作的探讨和建议.

　　感谢钟宝昌老师在本文实验过程中的帮助和协作,本文实验工作的顺利进行和钟老师的帮助是分不开的. 感谢师弟金文、刘栋对实验的帮助.

　　感谢郭兴明教授、戴世强教授、秦志强老师、麦穗一老师对本人的关心和帮助.

　　感谢所有关心和帮助过我的上海大学应用数学和力学研究所的老师和同学,谢谢你们的帮助和支持.

　　特别感谢多年来始终给予我关心和理解的远方的父母和亲人,他们的支持是我努力的源泉和动力.

　　最后,特别要深深感谢爱人樊靖郁多年来的理解和支持,学术上良师益友般的指导和帮助,生活上无微不至的关心和照顾.

张　燕

2005 年 6 月于上海